POLITEXT 34

Teoría del buque
Flotabilidad y estabilidad

POLITEXT

Joan Olivella Puig

Teoría del buque
Flotabilidad y estabilidad

EDICIONS UPC

Primera edición: septiembre de 1994
Segunda edición: septiembre de 1995
Reimpresión: julio de 2009

Diseño de la cubierta: Manuel Andreu

©   Joan Olivella Puig, 1994

©   Edicions UPC, 1994
       Edicions de la Universitat Politècnica de Catalunya, SL
       Jordi Girona Salgado 1-3, 08034 Barcelona
       Tel.: 934 137 540   Fax: 934 137 541
       Edicions Virtuals: www.edicionsupc.es
       E-mail: edicions-upc@upc.edu

Producción: LIGHTNING SOURCE

Depósito legal: B-10.541-2001
ISBN: 978-84-8301-475-2

Prólogo

Este libro está pensado para los estudiantes que quieran iniciarse en la ciencia de la Teoría del Buque, y para aquellos profesionales de la mar que tengan dentro de su cometido tomar decisiones que afecten a la puesta en calados del buque y a su estabilidad.

Se ha optado por desarrollar los temas con rigor, pero sin perder la objetividad que debe tener un libro de iniciación en esta materia.

Su contenido se estructura en tres grandes bloques: básico, flotabilidad y estabilidad. En el primer bloque se encuentran las definiciones -capítulo 1- que permitirán una posterior fluidez en el tratamiento de los diferentes temas. En el capítulo 2, se da una ligera idea del plano de formas, y en los capítulos 4 y 5, se tratan cuestiones reglamentarias como son el arqueo y las líneas de máxima carga, de acuerdo con las Conferencias Internacionales de la Organización Marítima Internacional, de ahora en adelante IMO. Debido a su uso a bordo, en el capítulo 3, se hace referencia a los dos métodos aproximados de integración más utilizados por el marino: trapecios y primera regla de Simpson.

El segundo bloque corresponde a la flotabilidad del buque, empezando por la problemática de los calados, con el capítulo 6 dedicado a ella, puesto que no es discutible el interés que tiene para el marino. El movimiento del centro de gravedad del buque por carga, descarga y traslado de pesos es el tema del capítulo 7, continuando con el centro de carena y su entorno, capítulos 8 y 9, poniendo especial interés en su exposición, dada la importancia que tiene su conocimiento para entender tanto aspectos de flotabilidad como de estabilidad.

Finalmente, en el tercer bloque están la estabilidad inicial transversal y longitudinal -capítulo 10- y la estabilidad para grandes escoras -capítulo 11- desarrollándose ambas con la profundidad necesaria para que permitan razonar la influencia de los distintos parámetros que intervienen en la estabilidad, aunque, por motivos de extensión del libro, sin llegar a su análisis exhaustivo. En el capítulo 12 se hace una introducción a la estabilidad dinámica, y en el capítulo 13, por una parte se resumen las fórmulas de los efectos de la carga, descarga y traslado, sobre la escora, estabilidad y calados del buque; por otra parte, se estudia la superficie libre del grano.

Agradecimientos

He hallado una excelente ayuda en los alumnos de cuarto de Náutica, curso 93-94, de la Facultat de Nàutica de Barcelona, Universitat Politècnica de Catalunya, *Francesc Alemany i Fernàndez, Carlos Alberto García Gómez, Juan Carlos García Ortega, Joan Antoni Llambías Ortego y Franco Ribechini Creus*, agradeciéndoles su soporte y su inestimable crítica, decisiva y benevolente, en la puesta a punto de este libro, crítica avalada por su condición de alumnos y por sus conocimientos de la asignatura.

Mi especial reconocimiento a

> *Francisco Javier de Balle de Dou*
> *Alex León Arias*
> *Josep Riart Benito*

porque, además, han colaborado permitiendo el excelente acabado de este libro. Alex ha demostrado su habilidad y paciencia realizando el gran número de figuras que permiten una mejor y más fácil comprensión de los temas; Javier, además de introducir parte del texto, ha sido un corrector minucioso y eficaz; Josep, que también ha trabajado entrando la información, ha sido el coordinador y el que ha conseguido la uniformidad y la buena presentación del libro.

A todos vosotros, muchas gracias.

Índice

4   Arqueo

5   Líneas de carga

6   Calados

7   Centro de gravedad del buque

8   Isocarenas e isoclinas

9   Centro de carena

10   Estabilidad inicial

11   Estabilidad transversal para grandes escoras

12   Estabilidad dinámica

13   Efectos de la carga, descarga y el traslado de pesos en la escora, estabilidad y los calados del buque

1 Definiciones

1.1 Definición de Teoría del Buque

La Teoría del Buque es una aplicación de la geometría y de la mecánica al estudio del buque, considerado como estructura que está flotando, parcialmente sumergido en el agua, parcialmente en el aire, o totalmente sumergido en el agua, y que puede moverse con seis grados de libertad en su interacción con la mar y el aire.

La Teoría del Buque puede subdividirse en las siguientes partes:

1. Flotabilidad
2. Estabilidad
3. Resistencia
4. Propulsor
5. Maniobrabilidad
6. Comportamiento en la mar

Flotabilidad. El buque como flotador debe mantener una posición definida con respecto a la superficie del agua.

Estabilidad. Conceptualmente la estabilidad del buque explica su comportamiento cuando es apartado de la posición de equilibrio por una fuerza externa o interna.

Resistencia. Estudio de las resistencias que se oponen al movimiento del buque, fundamentalmente avance, y de la fuerza necesaria para vencerlas.

Propulsor. El medio propulsor ejerce sobre el buque un movimiento determinado. Existen dos grandes grupos de propulsores: por reacción del agua y del aire. Entre los primeros tenemos, remos, chorro, ruedas de paletas y hélices; y entre los segundos vela y chorro.

Maniobrabilidad. Control sobre el cambio de rumbo del buque. Podemos dividirlo en: estabilidad de rumbo, a fin de que el buque navegue a un rumbo determinado la mayor parte del tiempo posible, y cambio de rumbo, esto es, que el buque pueda realizar un cambio de rumbo en el menor tiempo y espacio posibles.

Comportamiento en la mar. La interacción buque-ola, complementada con la estabilidad del mismo, da lugar a tres movimientos de traslación y tres de rotación producidos sobre el buque por el oleaje.

1.2 Cualidades de los buques

Desde el punto de vista de la Teoría del Buque, las cualidades vendrán determinadas por la subdivisión que hemos realizado de la materia, recibiendo consecuentemente las mismas denominaciones: flotabilidad, estabilidad, resistencia, propulsor, maniobrabilidad y comportamiento en la mar. A estas cualidades podemos añadir las que afectan a la economía del buque: velocidad, autonomía, habitabilidad, peso muerto, capacidad de carga y descarga, así como automatización, y las que afectan a la seguridad del buque: resistencia estructural, compartimentado y servicios de seguridad, de acuerdo con las reglamentaciones nacionales e internacionales.

La problemática que se presenta, no distinta de la de cualquier otro campo, reside en que las cualidades son entre sí a la vez opuestas y complementarias, debiéndose llegar en cada caso a un compromiso entre la operatividad y seguridad del buque.

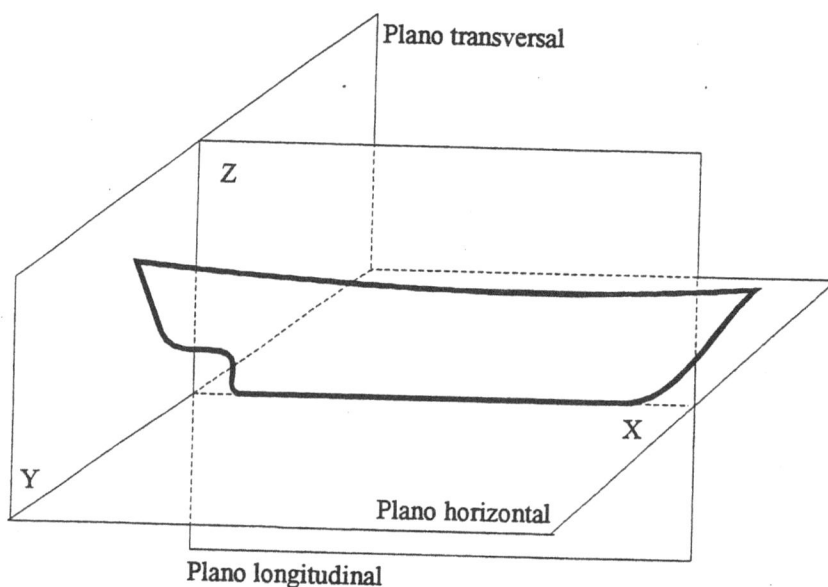

Fig. 1.1 Planos de referencia

1.3 Planos y líneas de referencia

Sobre el buque se sitúan tres planos, longitudinal, horizontal y transversal, (Fig. 1.1), y una serie de líneas, unas actuando de ejes para referir con respecto a ellos cualquier punto del buque, y otras con funciones auxiliares.

Plano longitudinal; plano vertical XZ. Plano vertical trazado en la dirección popa-proa, dividiendo al buque en dos bandas simétricas, denominadas banda de estribor y banda de babor. Al plano longitudinal limitado por el contorno del buque se le denomina plano diametral.

Sobre este plano diametral se sitúan las siguientes líneas de referencia, (Fig. 1.2):

Línea base. Línea horizontal trazada por el punto más bajo de la quilla. Si ésta es horizontal coincidirán sus trazados; por el contrario, en el caso de que la quilla por construcción tenga pendiente con respecto a la horizontal (quilla con asiento de construcción), el punto de contacto entre base y quilla quedará definido usualmente en la popa, coincidiendo con el punto más bajo de la misma. Nos referiremos a la línea base de construcción o de trazado, según se tenga en cuenta o no el espesor del forro. Es la línea de referencia para las coordenadas verticales.

Línea de flotación. Intersección de la superficie horizontal de la mar -plano de flotación- con el casco del buque, definiendo una línea cerrada que sigue sus formas. Se le denomina de manera habitual flotación. Su proyección sobre el plano diametral da una línea recta, que también recibe el nombre de flotación. Su altura sobre la línea base es el calado.

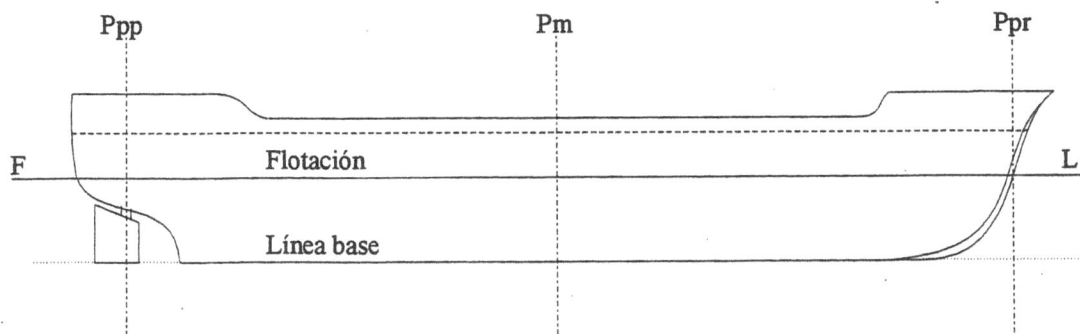

Fig. 1.2 Plano diametral

Perpendicular de popa (P_{pp}). Línea vertical cuya posición queda definida en función de la forma de la popa del buque. En los buques con timón y hélice en el plano diametral, la P_{pp} pasa por la cara de popa del codaste popel, mientras que en los buques con timón compensado en el plano diametral, la

P_{pp} coincide con el eje del timón.

Perpendicular de proa (P_{pr}). Línea vertical trazada por la intersección de la línea de flotación que se considere con el canto de proa de la roda. Por tanto esta perpendicular tendrá una posición que variará según la forma de la proa y la flotación tomada. A efectos prácticos se determina que es la perpendicular correspondiente a la flotación de verano o línea de máxima carga.

Perpendicular media (P_{m}). Es la perpendicular equidistante entre las perpendiculares de popa y proa. La perpendicular media se utiliza como línea de referencia para las coordenadas longitudinales, aunque también se puede tomar en su lugar la perpendicular de popa.

Plano horizontal o plano base; plano horizontal XY. Plano horizontal que corre por la parte inferior de la quilla, por tanto, paralelo a la superficie de la mar. En el supuesto de que la quilla del buque se haya construido con pendiente (quilla con asiento de construcción), se tomará usualmente el punto más bajo de la quilla para trazar el plano base. El plano horizontal contiene la línea base.

Plano transversal; plano vertical YZ. Plano vertical transversal perpendicular a los planos diametral y base (Fig. 1.3). Se traza por la perpendicular media o por la perpendicular de popa, llamándose a los planos limitados por los contornos del buque secciones transversales (de la P_{m} o P_{pp}). En el primer caso se le denomina también cuaderna maestra y su intersección con el plano diametral, coincidente por tanto con la perpendicular media, se denomina, también, por extensión, cuaderna maestra (⊠).

Sobre el plano transversal distinguiremos la línea de referencia siguiente:

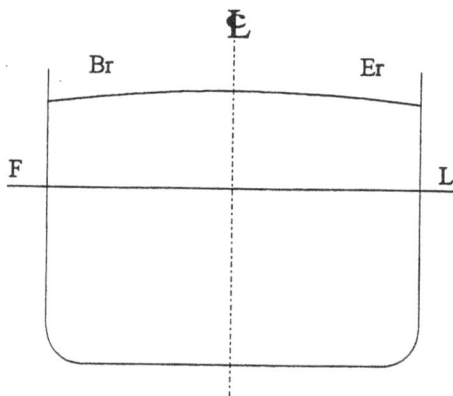

Fig. 1.3 Sección transversal

Línea Central (⌀). Intersección del plano diametral con el plano transversal, siendo el eje de simetría del barco sobre el cual se miden las coordenadas transversales de las bandas de Er y Br. Otra denominación que recibe es la de línea de crujía.

1.4 Flotación

Plano de flotación y superficie de flotación. El plano de flotación coincide con la superficie horizontal de la mar. Su intersección con el casco del buque define la línea de flotación o flotación, (Fig. 1.4), como ya se ha indicado. Al área del plano encerrada por la línea de flotación se le denomina superficie de flotación.

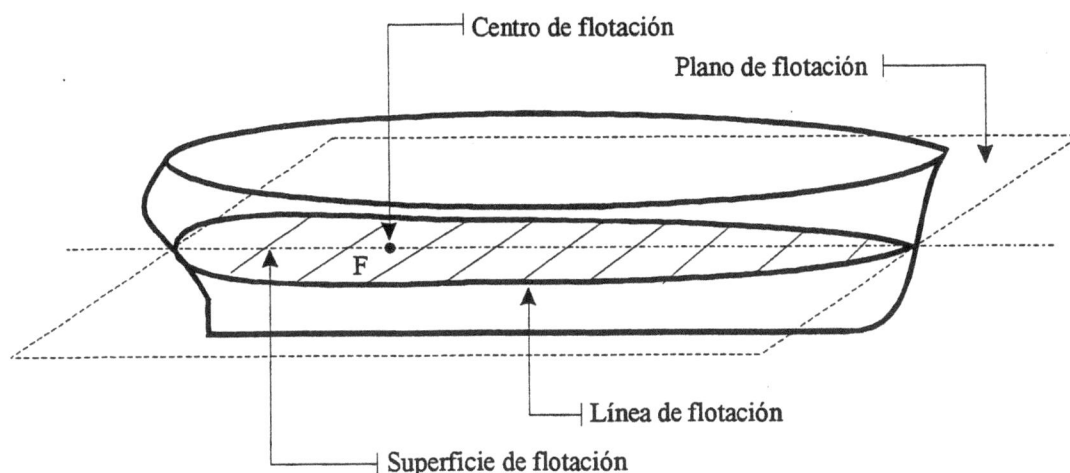

Fig. 1.4 Flotación

Línea de flotación de verano o línea de máxima carga. Es la línea de flotación, paralela a la línea base, correspondiente a la situación de máxima carga. En los buques mercantes se toma como línea de máxima carga la línea de carga de verano definida según el Convenio Internacional sobre Líneas de Carga de la IMO.

Centro de flotación (F). Se llama así al centro de gravedad de cada superficie de flotación. Dada la simetría transversal del buque, F estará sobre el plano diametral cuando el buque esté adrizado.

1.5 Carena

Volumen sumergido (∇). Se denomina volumen sumergido, o de carena del buque, al volumen limitado por el casco y por la superficie de flotación, (Fig. 1.5).

Centro de carena (C). Centro de gravedad del volumen sumergido o de carena. Como veremos más adelante, el centro de carena es el centro de presión del agua sobre el casco y está relacionado con el centro de empuje vertical.

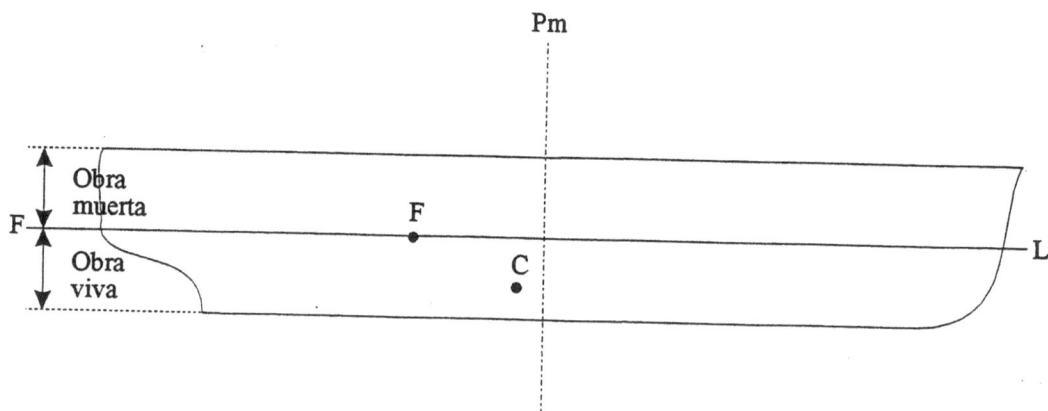

Fig. 1.5 Obra viva y obra muerta

Obra viva y obra muerta. La obra viva es la parte del buque por debajo de la superficie de flotación, por tanto, la correspondiente a la carena. La parte superior es la obra muerta, y se consideran espacios de la misma al casco, desde la flotación hasta la cubierta más alta que sea continua, resistente y estanca, y a las superestructuras que sean estancas. La obra muerta es, también, la reserva de flotabilidad que tiene el buque para hacer frente a un incremento del volumen sumergido. Con respecto a la obra viva y a la obra muerta, podemos hablar de la superficie y del volumen de cada una de ellas. Por ejemplo, la superficie de la obra viva será la superficie mojada del casco.

Se define como coeficiente de flotabilidad a la relación entre el volumen de la obra muerta (reserva de flotabilidad) y el volumen de la obra viva (carena)

$$Coeficiente\ de\ flotabilidad = \frac{Obra\ muerta}{Obra\ viva} \tag{1.1}$$

Superficie de deriva. Proyección de la superficie de carena sobre el plano diametral. Esta superficie es importante en los estudios de la resistencia opuesta por el agua al movimiento del buque. En este sentido existe, también, una aceptación del término cuaderna maestra, como proyección de la carena sobre el plano transversal que da la máxima sección.

1.6 Desplazamiento

Desplazamiento (Δ). Peso del buque para una condición de carga dada. Es igual al volumen sumergido por la densidad, $\Delta = \nabla \cdot \gamma$, y representa el peso del agua desplazada por este volumen.

Las unidades utilizadas son metros y toneladas y en unidades anglosajonas pies y *Long Tons*.

$$\Delta = \nabla \cdot \gamma \qquad \left\{ \begin{array}{l} \nabla \ en \ m^3 \\ \gamma \ en \ Tm/m^3 \end{array} \right. \qquad (1.2)$$

Unidades anglosajonas:

     a) Buque flotando en agua salada:

$$\Delta = \frac{\nabla}{FE} = \frac{\nabla}{35} \qquad (1.3)$$

     Δ desplazamiento en *Long Tons* (1 *Long Ton* = 1,016 Tm).
     ∇ volumen sumergido en pies cúbicos.
     FE factor de estiba = 35 pies cúbicos / *Long Ton*, (agua salada).

     b) Buque flotando en agua dulce:

$$\Delta = \frac{\nabla}{FE} = \frac{\nabla}{35,84} \qquad (1.4)$$

     FE = 35,84 pies cúbicos / *Long Ton*, (agua dulce).

Relación entre el factor de estiba (FE) y la densidad (γ):

$$\frac{FE}{35,84} \ (pies \ cúbicos/Long \ Ton) = FE \ (m^3/Tm) \qquad (1.5)$$

$$\gamma \ (Tm/m^3) = \frac{1}{FE \ (m^3/Tm)} \qquad (1.6)$$

Según la condición de carga en la que se encuentre el buque tendremos distintos desplazamientos, de los cuales haremos referencia a los siguientes:

Desplazamiento en rosca. Peso del buque completada su construcción, con maquinaria, instalaciones, botes y accesorios.

Desplazamiento en lastre. Desplazamiento en rosca aumentado con los pesos necesarios para dejar el buque en condiciones de navegar, pero sin carga comercial. Algunos de estos pesos serán: combustible, aceite, agua, tripulación, víveres, lastre, etc.

Desplazamiento en máxima carga. Peso del buque cargado hasta los máximos calados permitidos por el Convenio Internacional de Líneas de Carga de la IMO. Cuando dentro de los datos característicos del buque se indica el desplazamiento, éste se refiere al calado de verano, C_v.

Desplazamiento en carga. Peso del buque para una condición de carga cualquiera, que no corresponda a ninguna de las definidas anteriormente.

Centro de gravedad del buque (G). Punto de aplicación del peso del buque, dependiendo del desplazamiento en rosca y de la distribución de pesos que se realice para dejar al barco en unas condiciones de carga.

Peso muerto. Diferencia entre el desplazamiento de una línea de carga o calado determinado y el desplazamiento del buque en rosca. Dentro del peso muerto estarán, además de la carga, los pertrechos del buque, de manera que éstos deberán racionalizarse en función del viaje para beneficio de la carga.

Escala de peso muerto. Tabla en la que entrando en la columna de los calados en metros o en pies se halla el desplazamiento del buque y el peso muerto, (Fig. 1.6). En la misma viene indicada la condición del buque en lastre, y otros datos como el francobordo, las toneladas por centímetro de inmersión y el momento unitario para variar el asiento un centímetro. Cada buque tendrá, por supuesto, su propia tabla de peso muerto.

Porte. Peso de la carga, pasaje y equipaje; por tanto, se obtiene del peso muerto restándole el peso de los pertrechos.

Exponente de carga. Relación entre el porte y el desplazamiento correspondiente al calado hasta el que se ha cargado el buque.

1.7 Arqueo

Arqueo. Es la expresión del tamaño de un buque determinado de acuerdo con la Conferencia Internacional sobre Arqueo de Buques de la IMO. Se divide en arqueo bruto y neto, el primero expresa el tamaño total del buque y el segundo expresa la capacidad utilizable para carga y pasaje.

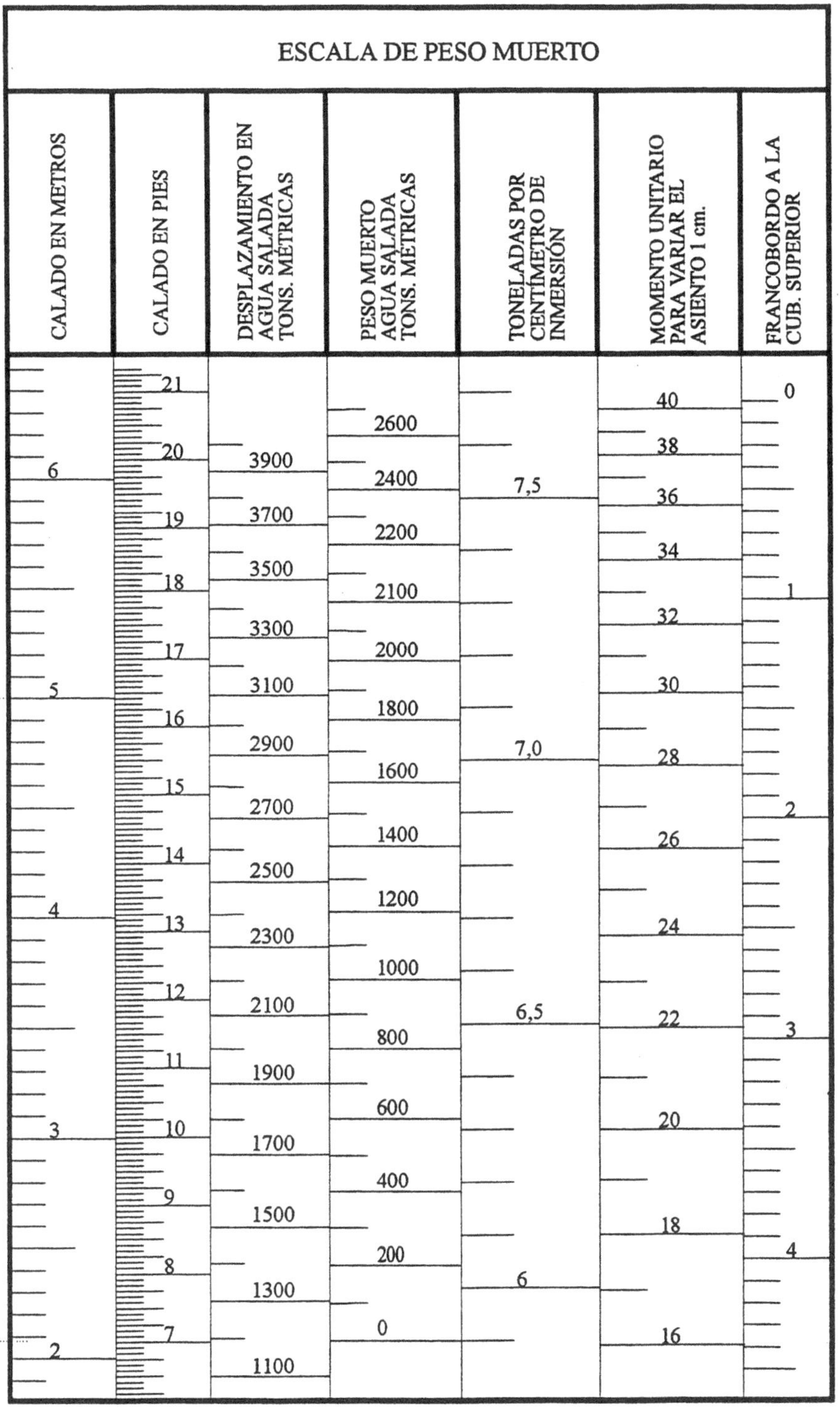

ESCALA DE PESO MUERTO

CALADO EN METROS	CALADO EN PIES	DESPLAZAMIENTO EN AGUA SALADA TONS. MÉTRICAS	PESO MUERTO AGUA SALADA TONS. MÉTRICAS	TONELADAS POR CENTÍMETRO DE INMERSIÓN	MOMENTO UNITARIO PARA VARIAR EL ASIENTO 1 cm.	FRANCOBORDO A LA CUB. SUPERIOR
6	21	3900	2600	7,5	40	0
5	20	3700	2400		38	
	19	3500	2200		36	
	18	3300	2100		34	1
	17	3100	2000		32	
5	16	2900	1800	7,0	30	
	15	2700	1600		28	2
	14	2500	1400		26	
4	13	2300	1200	6,5	24	
	12	2100	1000		22	3
	11	1900	800		20	
3	10	1700	600		18	
	9	1500	400	6		4
	8	1300	200		16	
2	7	1100	0			

Fig. 1.6 Escala de peso muerto

1.8 Dimensiones

Eslora (E, L). Distancia medida en el sentido longitudinal del buque sobre el plano diametral.

Según los diferentes puntos de referencia tomados, se obtienen diferentes esloras, de entre las cuales se citan las siguientes, (Fig. 1.7):

Eslora de trazado (E_T). Longitud medida sobre la flotación de verano, desde la perpendicular de popa hasta la intersección de la cara interior de la roda con dicha flotación.

Eslora entre perpendiculares (E_{PP}). Distancia longitudinal comprendida entre la perpendicular de popa y la perpendicular de proa, entendida esta última en la flotación de verano.

Eslora de la carena (E_∇). Si para una flotación determinada, limitamos la carena por dos planos transversales en sus extremos de popa y de proa, la distancia entre estos planos será la eslora de la carena para aquella flotación. También se le denomina eslora de desplazamiento.

Eslora de la flotación (E_{fl}). Longitud máxima de la flotación considerada.

Eslora total (E_t). Eslora total o máxima es la longitud entre dos planos transversales trazados en los extremos más salientes de popa y de proa del buque; por tanto es su máxima longitud.

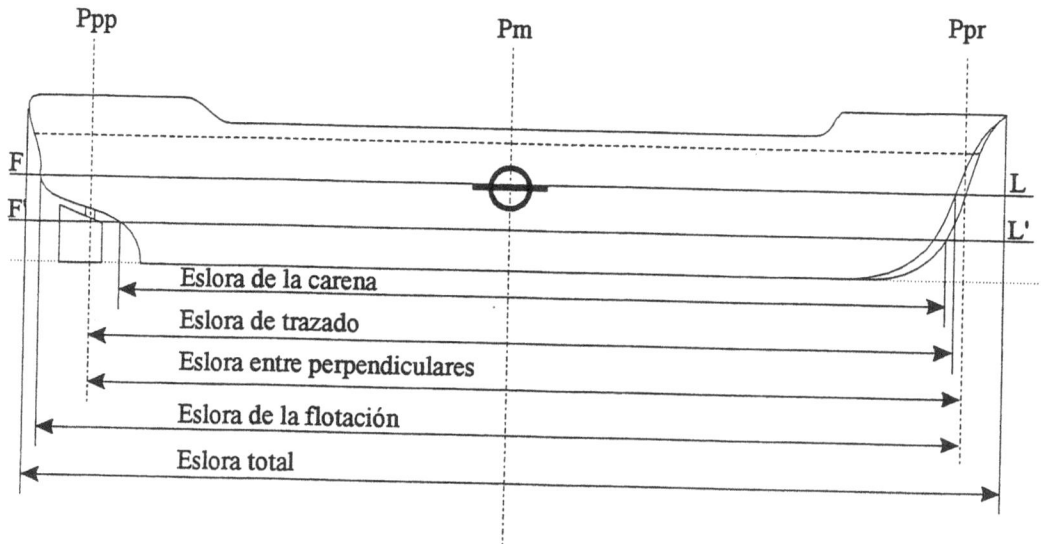

Fig. 1.7 Esloras

Manga (M, B). Distancia medida horizontalmente en el sentido transversal del buque. Según los puntos que se tomen como referencia se obtendrán diferentes mangas, (Fig. 1.8).

Manga de trazado (M_T). La manga máxima de trazado o manga fuera de miembros, por tanto, sin el espesor del forro del casco.

Manga fuera de forros (M_M), o manga en el fuerte. Es la dimensión transversal máxima del buque, incluido el espesor del forro; es decir, es la manga de trazado más el espesor del forro.

Manga máxima de la flotación (M_n). Distancia transversal máxima de la flotación que se considere. Puede tomarse fuera de miembros o fuera de forros.

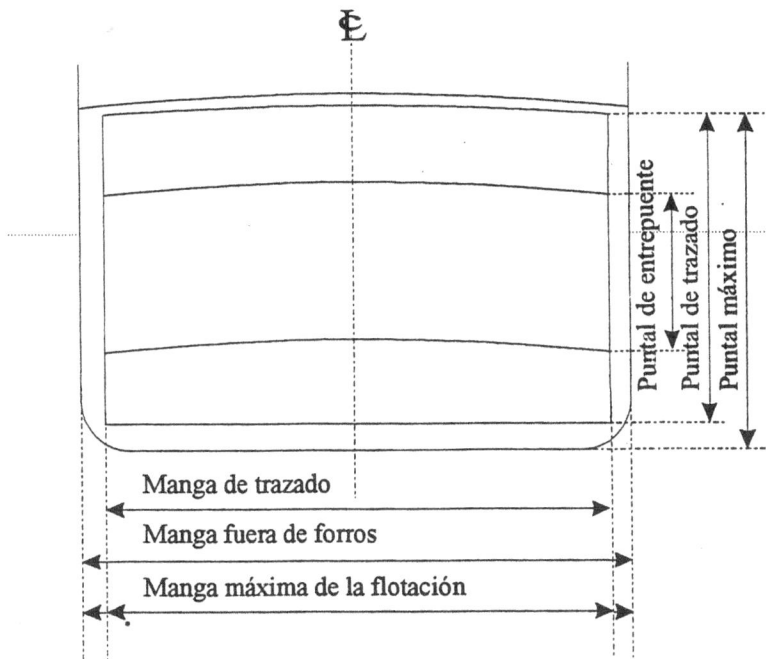

Fig. 1.8 Mangas y puntales

Puntal (P, D). Distancia vertical en la sección media del barco entre el plano de la quilla y la cubierta, (Fig. 1.8).

Puntal de trazado (P_T). Medido en la cuaderna maestra, entre la cara alta de la quilla y la intersección del canto alto del bao de la cubierta corrida más alta con el costado. El puntal de trazado puede definirse también para cualquier otra cubierta.

Puntal máximo (P_c). Distancia vertical medida en la sección de la perpendicular media, desde la cara exterior de la quilla hasta el canto alto del bao en su intersección con el costado. Se le denomina también puntal de construcción.

Puntal de entrepuente. Distancia vertical entre dos cubiertas contiguas, medida en el costado entre los cantos altos de los baos correspondientes.

1.9 Calados

El calado (C, T, d) en un punto cualquiera de una flotación es la distancia vertical entre éste y la línea base, con el espesor del forro incluido, (Fig. 1.9), caso de no estar incluido se obtendrá el calado de trazado.

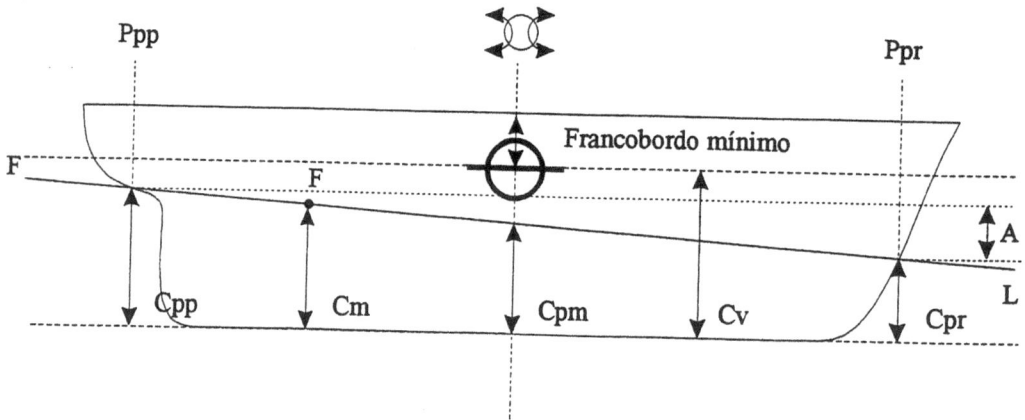

Fig. 1.9 Calados

Calado de popa (C_{pp}). Calado medido en la perpendicular de popa.

Calado de proa (C_{pr}). Calado medido en la perpendicular de proa.

Asiento (A). Diferencia entre el calado de popa y el calado de proa de una flotación determinada.

$$A = C_{pp} - C_{pr} \tag{1.7}$$

$$C_{pp} > C_{pr} \qquad\qquad A > 0 \qquad\qquad \text{(asiento positivo o apopante)}$$

$$C_{pp} < C_{pr} \qquad\qquad A < 0 \qquad\qquad \text{(asiento negativo o aproante)}$$

$$C_{pp} = C_{pr} \qquad\qquad A = 0 \qquad\qquad \text{(aguas iguales)}$$

Alteración (a). Diferencia entre los asientos de dos flotaciones. Si se denomina al asiento de la flotación inicial A_i, y al asiento de la flotación final A_f, la alteración será:

$$a = A_f - A_i \tag{1.8}$$

$$A_i = C_{ppi} - C_{pri} \tag{1.9}$$

$$A_f = C_{ppf} - C_{prf} \tag{1.10}$$

$$A_f > A_i \qquad\qquad a > 0 \qquad\qquad \text{(alteración apopante)}$$

$$A_f < A_i \qquad\qquad a < 0 \qquad\qquad \text{(alteración aproante)}$$

$$A_f = A_i \qquad\qquad a = 0$$

Calado en el medio. Calado medido en la perpendicular media. La semisuma de los calados de popa y de proa (C_{pm}) debería coincidir con el calado en el medio, lo cual no suele suceder debido a las deformaciones de quebranto o de arrufo que pueda tener el buque. En el primer caso las cabezas o extremos estarán más bajos que el centro del buque, con lo cual la quilla tendrá curvatura hacia arriba, y en el segundo caso sucederá lo contrario, es decir, la quilla estará curvada hacia abajo.

$$C_{pm} = \frac{C_{pp} + C_{pr}}{2} \tag{1.11}$$

En el quebranto el calado por semisuma será mayor que el calado leído en la escala de la perpendicular media, y en el arrufo será menor.

Calado medio (C_m). Calado en la vertical de F, centro de gravedad de la flotación que se considere. El calado medio se obtiene por cálculo a partir de la semisuma de los calados de popa y proa, con una corrección por asiento y valor de la posición de F con respecto a la P_m.

Escala de calados. Los calados se miden en unas escalas situadas a cada banda, a proa y a popa, y en algunos buques también en la perpendicular media. Las escalas van en decímetros, en cuyo caso se representan solamente los valores pares, o en pies, figurando tanto los pares como los impares, con lo que en este caso es usual grabarlos en números romanos.

La lectura de las escalas de calados se realiza de acuerdo con lo siguiente: el pie del número indica el calado, siendo la altura del número un centímetro o media pulgada, según el caso; por tanto, las posiciones intermedias se obtendrán proporcionalmente, (Fig. 1.10). Para relacionar ambas escalas, se indican las equivalencias entre pies, pulgadas y centímetros.

$$1 \text{ pie} = 12 \text{ pulgadas} \qquad (1' = 12")$$

$$1 \text{ pulgada} = 2,54 \text{ cm} \qquad (1" = 2,54 \text{ cm})$$

$$1 \text{ pie} = 30,48 \text{ cm} \qquad (1' = 30,48 \text{ cm})$$

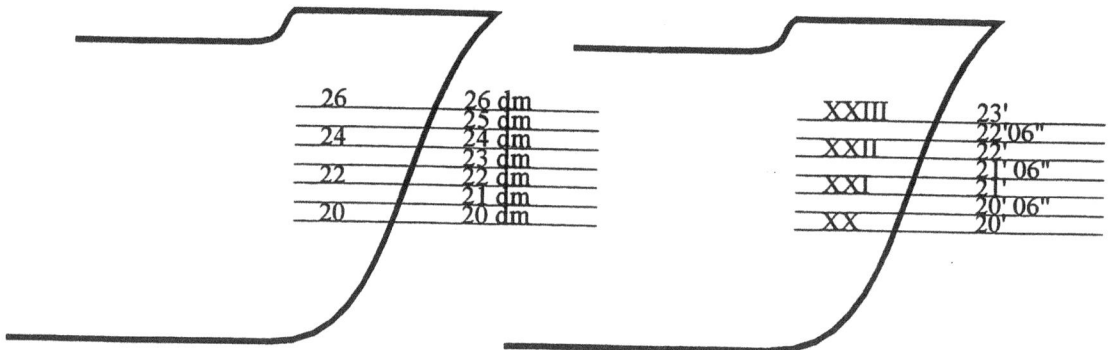

Fig. 1.10 Lectura de las escalas de calados

Francobordo. Distancia medida verticalmente en el centro del buque, desde la intersección de la cara superior de la cubierta de francobordo (definida de acuerdo con el Convenio Internacional sobre Líneas de Carga de la IMO) con la superficie exterior del forro, hasta la línea de flotación de carga correspondiente. Su función es la de limitar la carga máxima que pueda tomar un buque, (Fig. 1.9).

1.10 Coeficientes de formas

La eslora, manga y puntal son datos de dimensiones lineales del buque, longitudinal, transversal y vertical, respectivamente, pero para tener una idea de las formas del casco, por ejemplo, si la carena corresponde a un buque de líneas finas o de líneas llenas, se utilizan los coeficientes de afinamiento. Los datos para el cálculo de los coeficientes suelen ser datos de trazado.

Coeficiente de afinamiento cúbico o de bloque (K_b, δ). Relación entre el volumen de trazado desplazado por el buque o volumen sumergido y el prisma rectangular que tiene por dimensiones la eslora, la manga y el calado hasta la flotación considerada, (Fig. 1.11).

$$K_b = \delta = \frac{Volumen\ de\ la\ carena}{vol.\ prisma\ rectangular} = \frac{\nabla}{E \cdot M \cdot C} \tag{1.12}$$

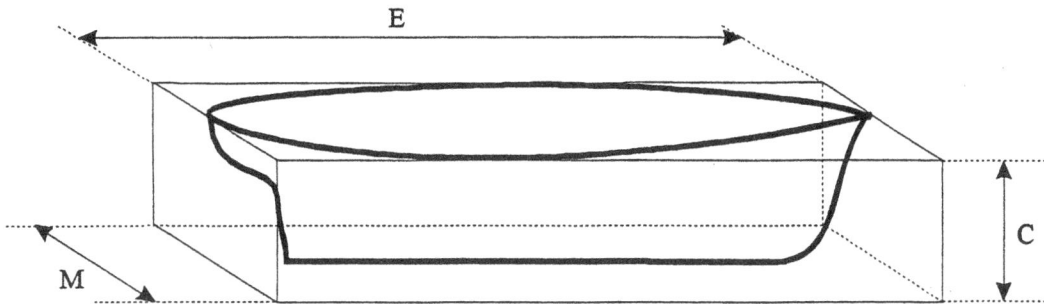

Fig. 1.11 Coeficiente de afinamiento cúbico

Coeficiente de afinamiento de líneas de agua o superficial (K_s, α). Relación entre al área de la línea de agua o flotación y la de un rectángulo cuya eslora y manga de trazado son las de la flotación, (Fig. 1.12).

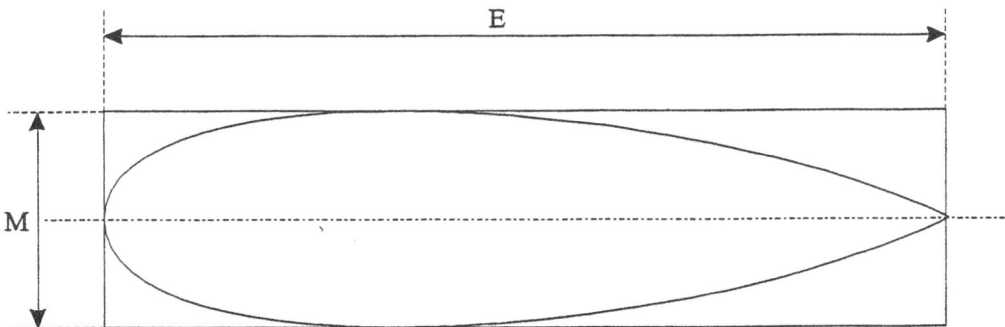

Fig. 1.12 Coeficiente de afinamiento superficial

$$K_s = \alpha = \frac{\textit{Superficie de flotación}}{\textit{Eslora x Manga}} = \frac{S_F}{E \cdot M} \qquad (1.13)$$

Coeficiente de afinamiento de la cuaderna maestra (K_m, β). Relación entre el área de la cuaderna maestra hasta una flotación y el área de un rectángulo cuyas dimensiones son el calado y la manga de trazado de la misma, (Fig. 1.13).

$$K_m = \beta = \frac{\textit{Superficie de la maestra}}{\textit{Manga x Calado}} = \frac{S_m}{M \cdot C} \qquad (1.14)$$

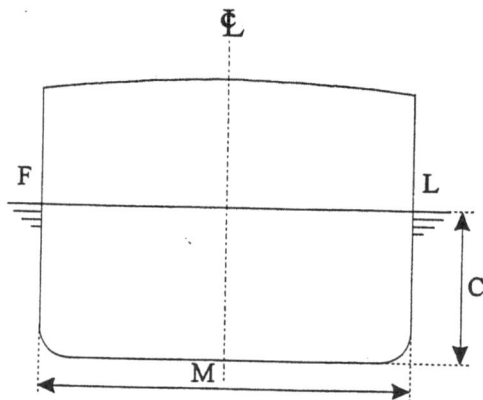

Fig. 1.13 Coeficiente de afinamiento de la cuaderna maestra

Coeficiente de afinamiento cilíndrico o prismático (K_p, φ). Relación entre el volumen sumergido del buque y el de un prisma de sección transversal constante e igual al área de la cuaderna maestra hasta la flotación, y que tiene por longitud la eslora, (Fig. 1.14).

$$K_p = \varphi = \frac{\textit{Volumen sumergido}}{\textit{Superficie maestra x Eslora}} = \frac{\nabla}{S_m \cdot E} \qquad (1.15)$$

Relación entre los coeficientes φ, δ, β.

$$\varphi = \frac{\nabla}{S_m \cdot E} = \frac{\nabla}{E \cdot M \cdot C} \cdot \frac{M \cdot C}{S_m} = \frac{\delta}{\beta} \qquad (1.16)$$

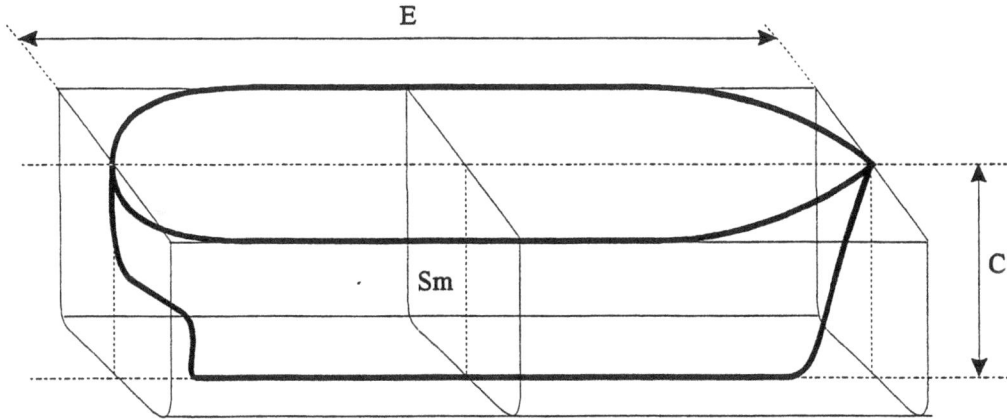

Fig. 1.14 Coeficiente de afinamiento prismático

Coeficiente de afinamiento prismático del cuerpo de popa (φ_{popa}). Relación entre el volumen sumergido de popa y el de un prisma que tiene por sección la cuaderna maestra y como longitud la mitad de la eslora.

$$\varphi_{popa} = \frac{Volumen\ sumergido\ de\ popa}{Superficie\ maestra\ x\ \frac{1}{2}\ Eslora} = \frac{\nabla_{popa}}{S_m \cdot \frac{1}{2}\ E} \qquad (1.17)$$

Coeficiente de afinamiento prismático del cuerpo de proa (φ_{proa}). Relación entre el volumen sumergido de proa y el de un prisma de sección constante e igual a la cuaderna maestra y de longitud la mitad de la eslora.

$$\varphi_{proa} = \frac{Volumen\ sumergido\ de\ proa}{Superficie\ maestra\ x\ \frac{1}{2}\ Eslora} = \frac{\nabla_{proa}}{S_m \cdot \frac{1}{2}\ E} \qquad (1.18)$$

Coeficiente de afinamiento prismático vertical (φ_v). Relación entre el volumen sumergido del buque y el de un prisma de sección horizontal constante e igual al área de la flotación máxima para este volumen y de altura el calado.

$$\varphi_v = \frac{Volumen\ sumergido}{Superficie\ flotación\ x\ calado} = \frac{\nabla}{S_F \cdot C} \qquad (1.19)$$

Además se utilizan como parámetros para el estudio, diseño y comparación de buques las siguientes relaciones:

Eslora/Calado,   E/C

Eslora/Manga,   E/M

Manga/Calado,   M/C

1.11 Plano de formas

Plano de formas. Como plano de formas o plano de trazado se entiende el conjunto de planos sobre los cuales se representan las formas del casco del buque, (Fig. 2.4, del capítulo siguiente). Los planos de referencia son el longitudinal, el horizontal y el transversal.

En el plano longitudinal se representan las intersecciones de planos paralelos al diametral con el casco. Cuando la línea que representa a la cubierta está más elevada en la proa y en la popa que en el centro, se dice que la cubierta tiene arrufo, siendo su misión evitar en lo posible que el agua embarque por los extremos, principalmente por la proa.

En el plano horizontal se proyectan las líneas de agua que resultan de la intersección de los planos de las distintas flotaciones con el casco.

En el plano transversal, se trazan las intersecciones de las secciones transversales o cuadernas con el casco. A la sección transversal de mayor área se le denomina aquí cuaderna maestra y suele coincidir con la sección transversal media.

Se define como brusca, en una sección transversal, a la curvatura de la cubierta con pendiente del centro hacia los costados. Tiene una doble misión: desalojar rápidamente el agua embarcada y aumentar la resistencia longitudinal del buque.

Astilla muerta. El fondo del buque puede no ser plano. Si desde la quilla trazamos una tangente al fondo y una línea horizontal, el ángulo que forman es el ángulo de astilla muerta, (Fig. 1.15). También puede definirse por la elevación de la tangente al fondo sobre la línea horizontal medida en la prolongación del costado.

$$\tan \alpha = \frac{a}{M/2} \qquad (1.20)$$

a   astilla muerta

α   ángulo de astilla muerta o astilla muerta

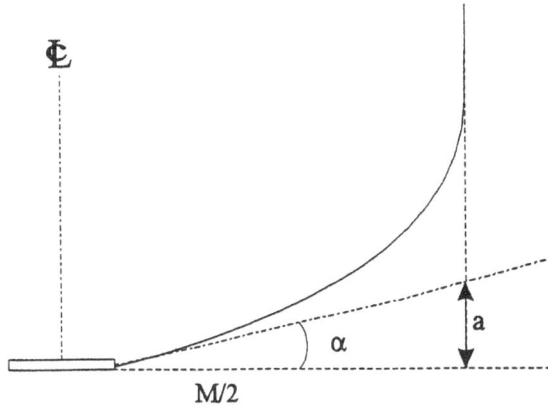

Fig. 1.15 Astilla muerta

1.12 Situación de un punto en el buque

En el barco hay que indicar la situación de los centros de flotación, carena, gravedad del buque, gravedad de un peso, etc. Para ello utilizaremos como líneas de referencia la línea base, la línea central, y la cuaderna maestra o, en su lugar, la perpendicular de popa.

Tomaremos como ejemplos las situaciones de F, C y G, centros de flotación, carena y gravedad del buque respectivamente.

La posición vertical se toma sobre la línea base (quilla); siempre será positiva y no es necesario poner signo.

     KC   altura del c. de c. sobre la quilla

     KG   altura del c. de g. sobre la quilla

Transversalmente tomaremos como eje la línea central. Las distancias a estribor de esta línea serán positivas y a babor negativas. Es necesario reflejar el signo en el valor.

     ₵G   Er (+)   Br (-)

Y finalmente la posición longitudinal se establece con respecto a la cuaderna maestra (⊠) o a la perpendicular de popa (P_{pp}).

Al tomar distancias a la cuaderna maestra, cuando éstas sean hacia popa se les da signo positivo y así se indicará, y hacia proa signo negativo.

⊠F
⊠C   Pp (+)   Pr (-)
⊠G

Cuando la línea de referencia sea la perpendicular de popa, las distancias serán prácticamente siempre positivas, con lo que no es necesario indicar esta circunstancia, salvo que fuera negativa.

$P_{pp}F$
$P_{pp}C$
$P_{pp}G$

1.13 Curvas hidrostáticas

Las curvas hidrostáticas son unas gráficas (también pueden estar tabuladas) en las que entrando con el calado medio del buque se obtiene la información necesaria para solucionar los diferentes problemas que se presentan en Teoría del Buque. Los datos de las curvas han sido previamente calculados a partir de los planos de formas, por tanto son datos afectados por la geometría concreta de cada buque. Las flotaciones para las cuales se ha obtenido la información son paralelas entre sí, siendo el asiento de los calados el de construcción, el cual es, usualmente, cero en los buques mercantes. Los cálculos de los datos que se representan en las curvas han sido realizados considerando el buque adrizado.

Entre otros datos, las curvas hidrostáticas dan para cada calado: desplazamiento, volumen sumergido, posición vertical y longitudinal del centro de carena, área de la flotación, posición longitudinal del centro de flotación, coeficientes de afinamiento,..., (Apéndice I).

Como abreviatura de curvas hidrostáticas, se utilizará CH.

2 Plano de formas

2.1 Formas de un buque

Las formas de un buque representan la superficie interior o exterior del casco, el cual tiene curvatura en dos direcciones. Las curvas que se utilizan para su trazado no pueden obtenerse, generalmente, a través de expresiones matemáticas, lo que hace necesario representar esta superficie por medio de intersecciones del casco con planos paralelos a los planos de referencia, longitudinal, horizontal y transversal. Estas intersecciones dan tres series de curvas que se proyectan sobre los tres planos de referencia indicados. La superficie del casco que se suele representar es la superficie interior; en este caso se dice que es fuera de miembros, (Apéndice I).

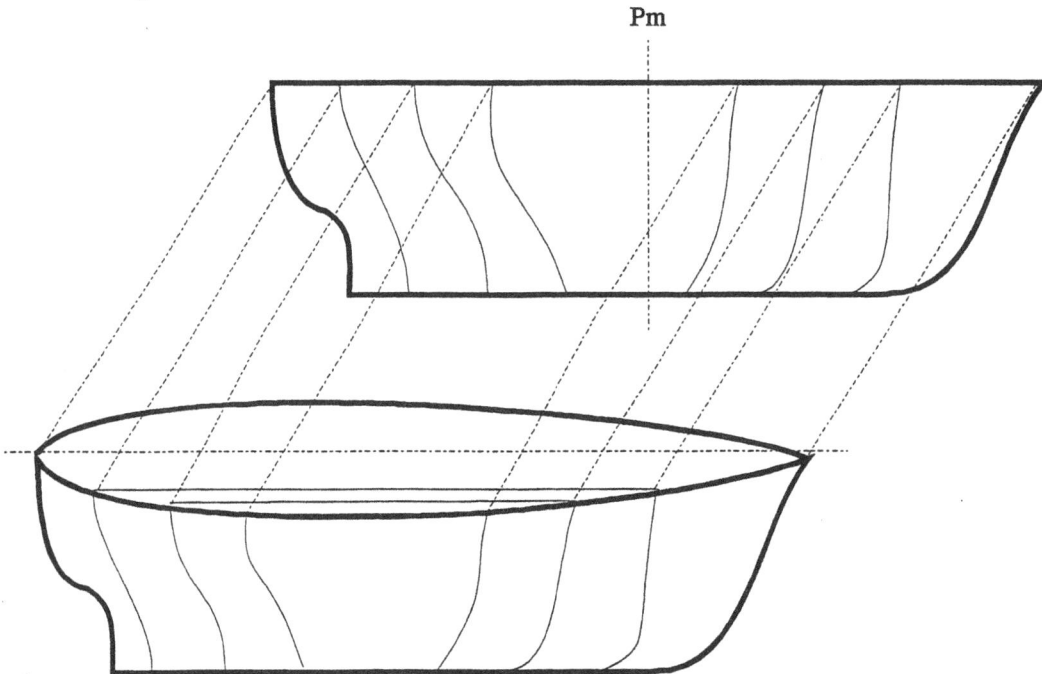

Pm

Fig. 2.1 Curvas longitudinales

2.2 Series de curvas del plano de formas

Las tres series de curvas, que se representan en el plano de formas, son las siguientes:

Curvas longitudinales, (Fig. 2.1), obtenidas por la intersección de planos longitudinales, paralelos al plano diametral, con la superficie del casco.

Curvas horizontales o líneas de agua, (Fig. 2.2), que corresponden a distintas líneas de flotación del buque, paralelas al plano horizontal o plano base.

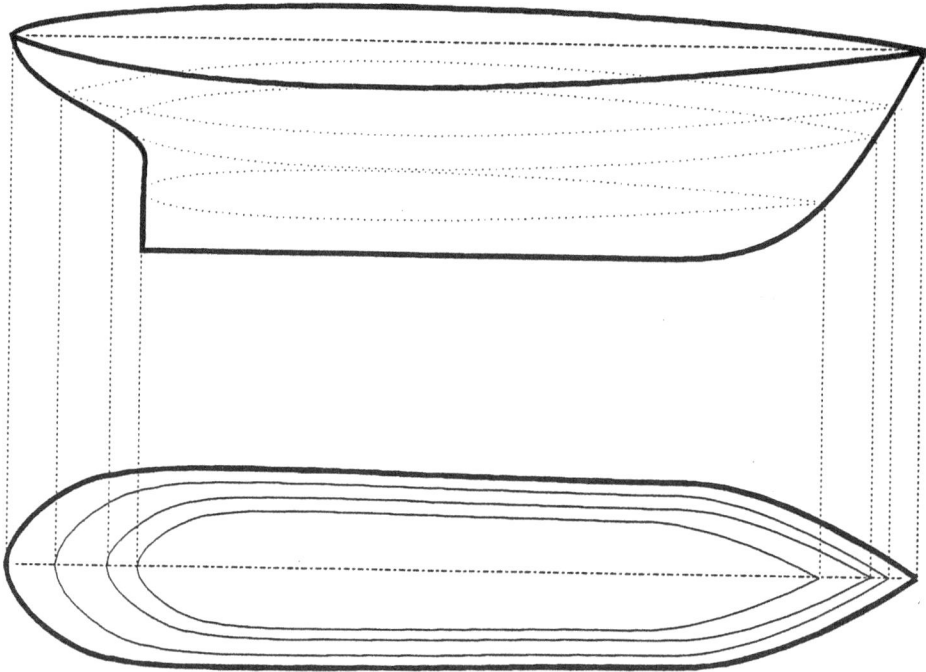

Fig. 2.2 Curvas horizontales o líneas de agua

Curvas transversales o cuadernas de trazado, (Fig. 2.3), dadas por la intersección del casco con planos verticales transversales paralelos a la sección transversal o cuaderna maestra.

Debido a la simetría del buque con respecto al plano diametral se representa solamente una banda del buque, sobre la cual se toman de 3 a 5 planos longitudinales, usualmente equidistantes, estando el más alejado (el 3 o el 5) a 3/4 de la semimanga máxima. En cuanto al número de líneas de agua existe cierta disparidad de criterios. Un ejemplo más o menos representativo puede ser la división de 11 flotaciones equidistantes, numeradas de 0 a 10, coincidiendo esta última con el calado de máxima carga, y con subdivisiones si es preciso entre las primeras flotaciones. Se pueden utilizar también flotaciones adicionales por encima de la línea de máxima carga. Finalmente las cuadernas de trazado suelen ser 11 o 21, según la eslora del buque y complejidad de las formas, numeradas de 0 a 10 o de 0 a 20, coincidiendo la cuaderna número cero con la perpendicular de popa. En los finos de popa y de proa se suelen utilizar subdivisiones. En el caso de usar secciones a popa de la perpendicular de popa, se les asignarán números negativos o letras siguiendo el abecedario.

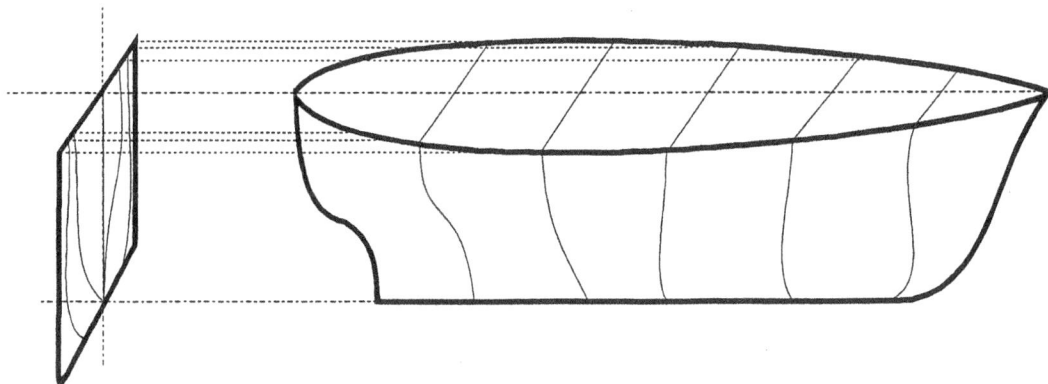

Fig. 2.3 Curvas transversales o cuadernas de trazado

2.3 Proyecciones sobre el plano de formas

Sobre cada uno de los tres planos se representan una serie de curvas en su forma real y las otras dos por líneas rectas, (Fig. 2.4).

Sobre el plano longitudinal o diametral se proyectan las curvas longitudinales dando su verdadera forma, mientras que las líneas de agua y cuadernas vendrán representadas por líneas rectas horizontales y verticales, respectivamente.

Las flotaciones quedarán según su forma en el plano horizontal o de flotación, indicándose los longitudinales con líneas rectas longitudinales, y las cuadernas con líneas rectas verticales.

Y sobre el plano transversal o cuaderna maestra, también llamada caja de cuadernas, los longitudinales figuran como líneas rectas verticales y las flotaciones como líneas rectas horizontales. En su verdadera forma se proyectan las cuadernas de trazado, representándose, normalmente, a estribor las de popa y a babor las de proa.

2.4 Líneas auxiliares

Para concretar ciertas zonas críticas del casco debido a sus formas, se utilizan líneas auxiliares,

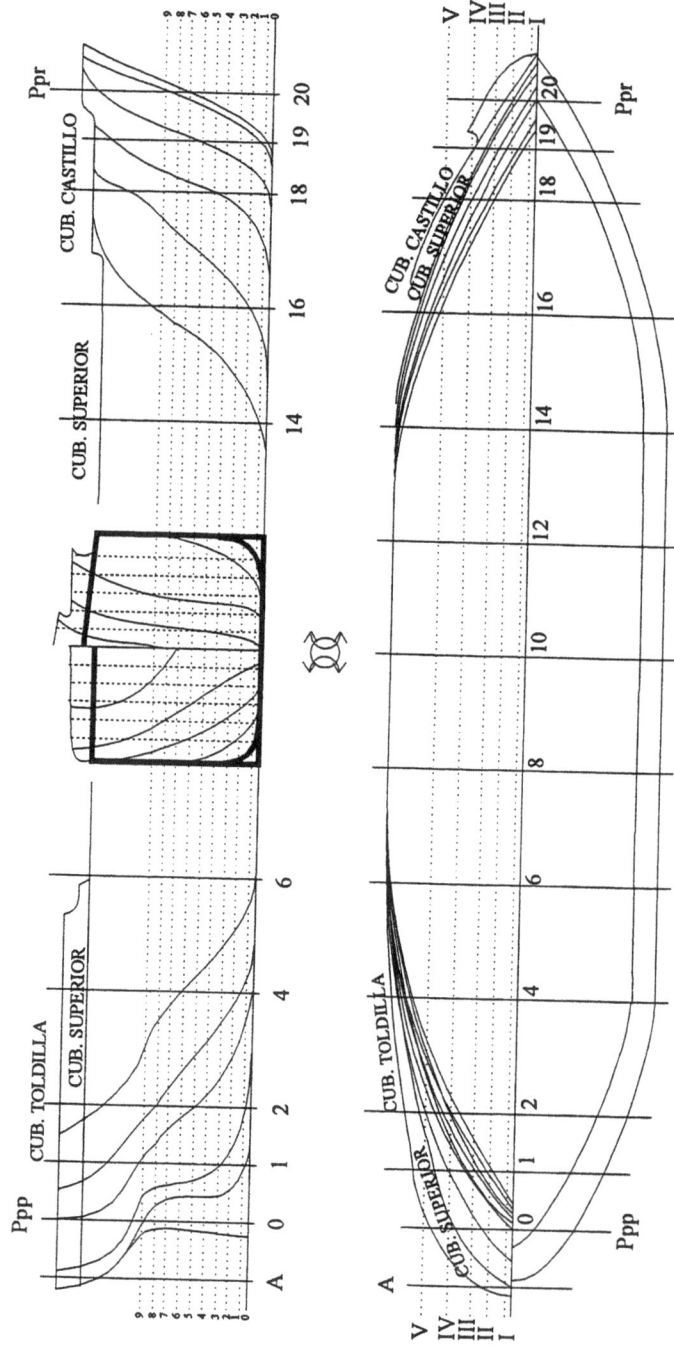

Fig. 2.4 Plano de formas

entre las cuales se citan las siguientes:

Los contornos de la roda y el codaste representados sobre el plano diametral.

Vagras de doble curvatura. Se denominan así las intersecciones de los cantos o contornos de las cubiertas y regalas, entre otros, con la superficie del casco. Se representan en los planos diametral y horizontal. Las secciones transversales de las distintas cubiertas y entrepuentes figuran en la cuaderna maestra.

En el plano de formas se puede encontrar también información del arrufo de las cubiertas en el diametral, y de la brusca de las mismas, así como de la astilla muerta, en el plano transversal.

Vagras planas. Es en los pantoques, principalmente, donde se utilizan las vagras planas. Vienen determinadas por las intersecciones de la superficie del casco con unas secciones oblicuas, perpendiculares a la cuaderna maestra y a la propia superficie del casco. Se representan por sus trazas sobre la sección transversal y por sus abatimientos sobre el plano horizontal. El número de vagras planas será función del tamaño y de las formas del buque.

L.A. \ C^{NAS}	-1/2	0	1/2	1	1$^{1/2}$	2	3	4	5	6	7	8	9	10
Cta. castillo														
Cta. alta														
Línea A. 10														
Línea A. 9														
Línea A. 8														
Línea A. 7														
Línea A. 6														
Línea A. 5														
Línea A. 4														
Línea A. 3														
Línea A. 2														
Línea A. 1														
Línea A. 1/2														
Línea A. 0														

Fig, 2.5 Cartilla de trazado

2.5 Presentación del plano de formas

La manera usual de presentar el plano de formas es situando el plano longitudinal sobre el horizontal, ambos con la proa a la derecha, y ubicando el plano transversal en el centro del longitudinal, aunque también puede estar a su derecha o a su izquierda. Los planos estarán relativamente situados entre sí de tal manera que las líneas de agua entre el longitudinal y el transversal coincidan, y también las cuadernas de trazado entre el longitudinal y el horizontal.

2.6 Cartilla de trazado

Como información adicional al plano de formas está la cartilla de trazado, en la que, además de otros datos de interés, están los valores de las semimangas por líneas de agua y por cuadernas de trazado. En las columnas, (Fig. 2.5), están las semimangas de las cuadernas correspondientes a las líneas de agua y en las filas se hallan las semimangas de cada cuaderna por línea de agua.

3   Métodos aproximados para los cálculos de flotabilidad y estabilidad

3.1 Cálculo de áreas, momentos, centros de gravedad y momentos de inercia

En los cálculos de flotabilidad y estabilidad intervienen una serie de curvas que dependen de las formas del buque y en concreto de las flotaciones y cuadernas. Estas curvas se expresan por medio de integrales definidas en función de las semimangas dada la simetría del buque con respecto al plano diametral. Los valores de las flotaciones y cuadernas que usualmente se requieren para aplicarlos en los cálculos de Teoría del Buque, son: áreas, momentos e inercias.

En la figura 3.1, sea AB la curva, O el origen de coordenadas y OX, OY los ejes. Cualquier punto se podrá representar por x, y. Tomando un rectángulo de longitud y, de anchura infinitesimal dx, y situado a una distancia x del eje transversal OY, se obtendrán las siguientes expresiones:

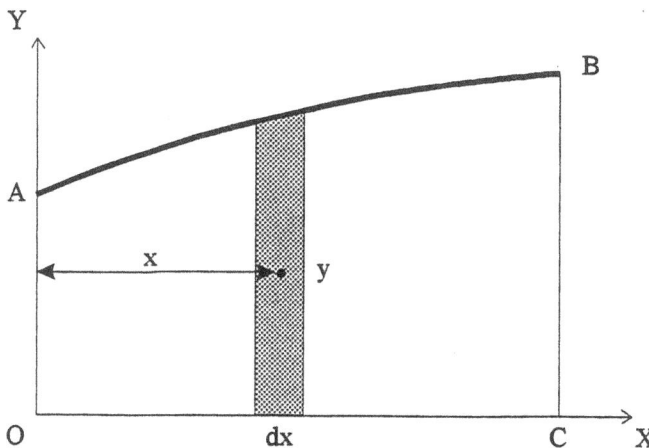

Fig. 3.1 Áreas, momentos y centros de gravedad

Área

$dS = $ área elemental

$dS = y \cdot dx$

Integrando esta expresión a lo largo del eje OX, se hallará el valor del área total.

$$S = \int_0^x y \cdot dx \qquad (3.1)$$

Momentos

Momento del área con respecto al eje transversal OY, M_y.

dM_y momento del área elemental con respecto al eje OY.

$$brazo = x$$

$$dM_y = dS \cdot x$$

$$dM_y = y \cdot dx \cdot x$$

$$M_y = \int_o^x x \cdot y \cdot dx \qquad (3.2)$$

Momento del área con respecto al eje longitudinal OX, M_x.

dM_x momento del área elemental con respecto al eje OX.

$$brazo = \frac{y}{2}$$

$$dM_x = dS \cdot \frac{y}{2}$$

$$dM_x = \frac{1}{2} y^2 \cdot dx$$

$$M_x = \frac{1}{2} \int_0^x y^2 \cdot dx \tag{3.3}$$

Centro de gravedad del área

Distancia del centro de gravedad del área al eje OY, x_g.

$$x_g = \frac{\text{momento del área total con respecto al eje OY}}{\text{área total}} = \frac{M_y}{S}$$

$$x_g = \frac{\displaystyle\int_0^x x \cdot y \cdot dx}{\displaystyle\int_0^x y \cdot dx} \tag{3.4}$$

Distancia del centro de gravedad del área al eje OX, y_g.

$$y_g = \frac{\text{momento del área total con respecto al eje OX}}{\text{área total}} = \frac{M_x}{S}$$

$$y_g = \frac{\displaystyle\frac{1}{2}\int_0^x y^2 \cdot dx}{\displaystyle\int_0^x y \cdot dx} \tag{3.5}$$

Momentos de inercia

Momento de inercia longitudinal; momento de inercia del área con respecto al eje transversal OY, I_L,

dI_L momento de inercia del área elemental con respecto al eje OY.

$$dS = y \cdot dx$$

$$brazo = x$$

$$dI_L = y \cdot dx \cdot x^2$$

$$I_L = \int_0^x x^2 \cdot y \cdot dx \qquad\qquad (3.6)$$

Momento de inercia transversal; momento de inercia del área con respecto al eje longitudinal OX, I_T, (Fig. 3.2).

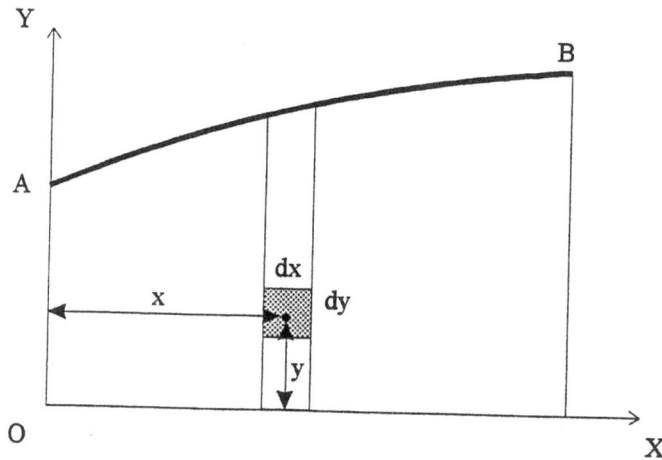

Fig. 3.2 Inercia transversal

dI_T momento de inercia del área elemental con respecto al eje OX.

$$dS = dx \cdot dy$$

$$brazo = y$$

$$dI_T = dy \cdot dx \cdot y^2$$

$$I_T = \int_0^x \int_0^y y^2 \cdot dy \cdot dx$$

$$I_T = \frac{1}{3} \int_0^x y^3 \cdot dx \qquad (3.7)$$

Cambio de ejes de los momentos de inercia. Aplicado al caso particular de la inercia longitudinal de un área,

$$I_{Ly} = I_{Lg} + S \cdot d^2 \qquad (3.8)$$

I_{Ly} inercia longitudinal con respecto a un eje transversal *y* paralelo a otro *g*.

I_{Lg} inercia longitudinal a un eje transversal *g*, que pase por el centro de gravedad del área.

S área de la superficie.

d distancia entre los ejes *g*, *y*.

Momentos de inercia de un rectángulo. Debido a su uso en los cálculos de Teoría del Buque, se estudian los momentos de inercia de un rectángulo con respecto a los ejes transversal y longitudinal que pasan por su centro de gravedad.

Momento de inercia longitudinal, (Fig. 3.3):

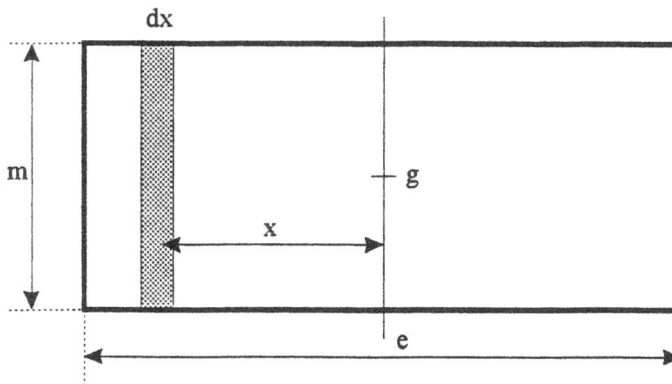

Fig. 3.3 Momento de inercia longitudinal de un rectángulo

dI_{Lg} momento de inercia del área elemental con respecto a un eje transversal que pasa por el centro de gravedad del rectángulo.

$$dS = m \cdot dx$$

$$brazo = x$$

$$dI_{Lg} = m \cdot dx \cdot x^2$$

$$I_{Lg} = \int_{-e/2}^{+e/2} x^2 \cdot m \cdot dx$$

$$I_{Lg} = \frac{1}{12} m \cdot e^3 \tag{3.9}$$

Momento de inercia transversal, (Fig. 3.4).

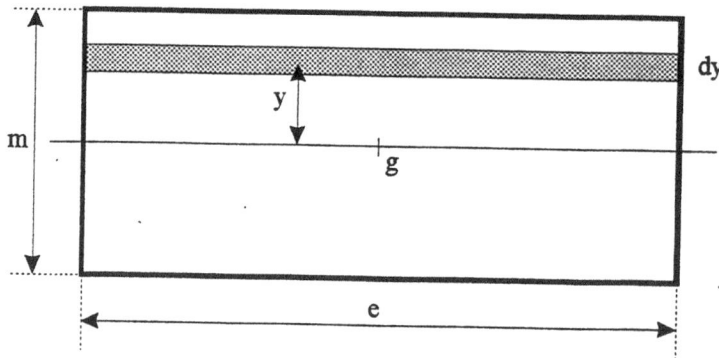

Fig. 3.4 Momento de inercia transversal de un rectángulo

dI_{Tg} momento de inercia del área elemental con respecto a un eje longitudinal que pasa por el centro de gravedad del rectángulo.

$$dS = e \cdot dy$$

$$brazo = y$$

$$dI_{T_g} = e \cdot dy \cdot y^2$$

$$I_{T_g} = \int_{-m/2}^{+m/2} y^2 \cdot e \cdot dy$$

$$I_{T_g} = \frac{1}{12} e \cdot m^3 \qquad\qquad (3.10)$$

3.2 Métodos de cálculo aproximados

Las curvas de las formas del buque presentan el inconveniente para su tratamiento analítico de no ser ni figuras geométricas conocidas, ni seguir ninguna ley matemática, con lo que no permiten expresarlas a través de ecuaciones a las que se puedan aplicar las técnicas de integración normales para el cálculo de sus áreas. En estos casos hay que recurrir a los métodos de cálculo aproximados, de los que se espera que sean simples de utilizar y que el error cometido sea lo más pequeño posible. Básicamente se utilizan tres métodos de integración numérica:

Método de Cotes. Consiste en reemplazar la función *f(x)* por una función adecuada *P(x)*, que es usualmente un polinomio, tomándose los valores de la función en puntos equidistantes a los cuales se les aplican multiplicadores diferentes. Una aplicación es la conocida fórmula de Simpson.

Método de Tchebycheff. En este método los puntos que se toman están espaciados desigualmente y en relación con la longitud de la base de la curva, suponiendo multiplicadores iguales.

Método de Gauss. Toma abscisas desigualmente espaciadas y deduce multiplicadores también desiguales. Este método se considera, en general, más exacto que los dos anteriores, pero su aplicación es más compleja. De hecho los métodos de Cotes y de Tchebycheff pueden considerarse como casos especiales del método de Gauss.

Las fórmulas más usuales en los cálculos de Teoría del Buque realizados por el marino son la de los trapecios y la primera regla de Simpson, por lo que se incidirá sobre ellas; además, son las utilizadas en este libro.

3.3 Método de los trapecios

La figura 3.5 muestra una curva AC; se quiere hallar el área limitada por esta curva y los ejes X,Y.

Dado que no se conoce la ecuación de la curva no podrá ser resuelto el problema exactamente, por lo que se debe acudir para su solución a los métodos de cálculo aproximados.

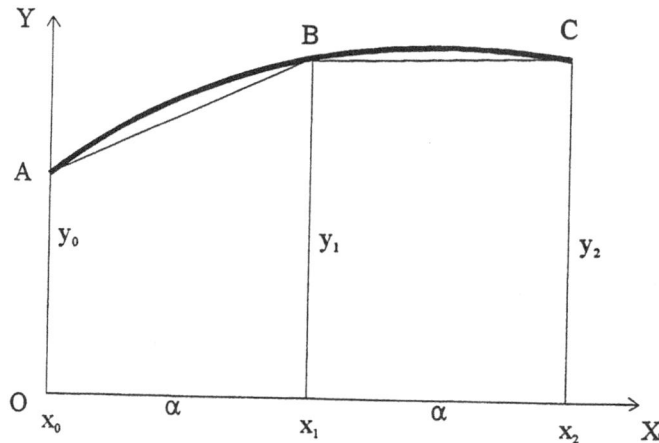

Fig.3.5 Método de los trapecios

En el método de los trapecios se divide la base en un número de partes iguales, dos en la figura, y se reemplaza la parte de curva AB por una recta, su cuerda, y lo mismo se hace con BC, con lo cual se obtienen dos trapecios. Por los puntos x_0, x_1, x_2, se miden las ordenadas y_0, y_1, y_2, siendo α el intervalo entre ellas. Calculando el área de los trapecios se tendrá:

$$S = \frac{y_0 + y_1}{2} \cdot \alpha + \frac{y_1 + y_2}{2} \cdot \alpha$$

$$S = \alpha \left(\frac{y_0}{2} + y_1 + \frac{y_2}{2} \right)$$

Generalizando a un número n de ordenadas,

$$S = \alpha \left(\frac{y_0}{2} + y_1 + y_2 + y_3 + \ldots + y_{n-1} + \frac{y_n}{2} \right) \tag{3.11}$$

Subdivisión de intervalos. En los extremos de las curvas, y con la finalidad de obtener una mayor aproximación al valor real del área, es conveniente subdividir las ordenadas, debiéndose modificar consecuentemente los factores, (Fig. 3.6).

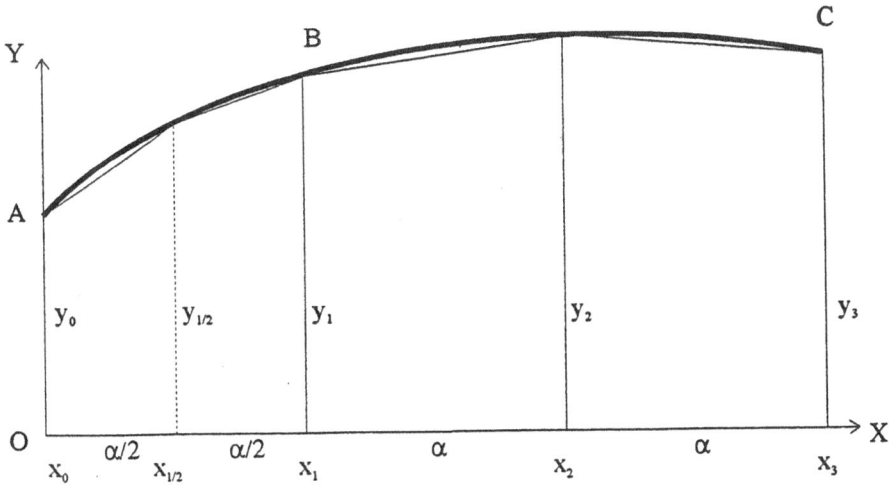

Fig. 3.6 Método de los trapecios con subdivisión de intervalos

$$S_1 = S_{AB} = \frac{\alpha}{2} \left(\frac{y_0}{2} + y_{1/2} + \frac{y_1}{2} \right)$$

$$S_2 = S_{BC} = \alpha \left(\frac{y_1}{2} + y_2 + \frac{y_3}{2} \right)$$

$$S = S_1 + S_2 = \alpha \left(\frac{1}{4}y_0 + \frac{1}{2}y_{1/2} + \frac{3}{4}y_1 + y_2 + \frac{1}{2}y_3 \right)$$

Generalizando, y con una subdivisión en cada extremo, la fórmula será,

$$S = \alpha \left(\frac{1}{4}y_0 + \frac{1}{2}y_{1/2} + \frac{3}{4}y_1 + y_2 + \ldots\ldots + y_{n-2} + \frac{3}{4}y_{n-1} + \frac{1}{2}y_{n-1/2} + \frac{1}{4}y_n \right) \qquad (3.12)$$

Cuadro de operaciones. Para facilitar el cálculo se tipifica en forma de tabla de manera que se simplifiquen al máximo las operaciones a realizar y se obtenga una visión global de los datos para cualquier verificación posterior.

Tabla 3.1 Método de los trapecios

Número semimanga	Valor semimanga	Factor	Función área
0	y_0	1/4	1/4 y_0
1/2	$y_{1/2}$	1/2	1/2 $y_{1/2}$
1	y_1	3/4	3/4 y_1
2	y_2	1	1 y_2
3	y_3	1	1 y_3
,	,	,	,
,	,	,	,
n-1	y_{n-1}	1	1 y_{n-1}
n	y_n	1/2	1/2 y_n
			Σs

$$S = \alpha \cdot \Sigma s$$

La proximidad entre la línea recta que une los extremos de las ordenadas y el correspondiente segmento de la curva da una indicación de la exactitud obtenida con esta regla, de manera que, en general, aumentando el número de ordenadas se incrementará la exactitud.

3.4 Primera regla de Simpson

En la mayoría de los casos las curvas de los buques se pueden reemplazar por parábolas, ya que éstas dan una buena aproximación.

La primera regla de Simpson asume que la curva real es substituida por una parábola de segundo grado, cuya ecuación es:

$$y = ax^2 + bx + c$$

Sean en la figura 3.7, x_0, x_1, x_2, las abscisas, y_0, y_1, y_2, las ordenadas correspondientes y distanciadas un intervalo común α. La curva AB es una parábola de segundo grado. El área bajo la curva será:

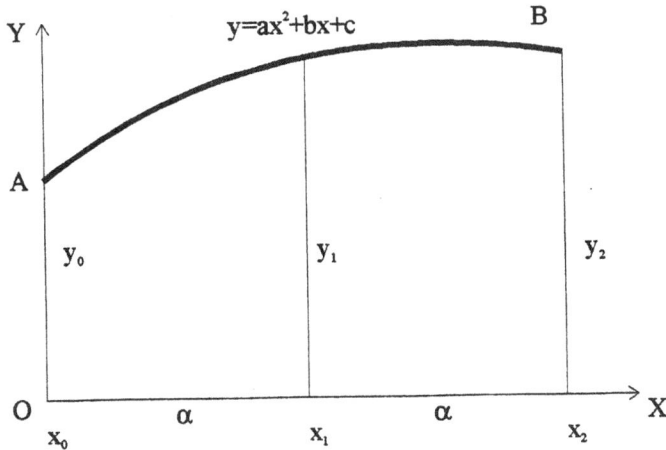

Fig. 3.7 Primera regla de Simpson

$$S = \int_0^{2\alpha} y \cdot dx$$

$$S = \int_0^{2\alpha} (ax^2 + bx + c) \cdot dx$$

$$S = \left(\frac{1}{3} ax^3 + \frac{1}{2} bx^2 + cx \right)_0^{2\alpha}$$

$$= \frac{1}{3} a(2\alpha)^3 + \frac{1}{2} b(2\alpha)^2 + c(2\alpha)$$

$$= \frac{8}{3} a\alpha^3 + 2b\alpha^2 + 2c\alpha$$

$$= \frac{\alpha}{3} \cdot (8a\alpha^2 + 6b\alpha + 6c)$$

Dando valores a $x_0=0$, $x_1=\alpha$, $x_2=2\alpha$, e introduciéndolos en la ecuación de la parábola, se obtienen los valores de y_0, y_1, y_2,

$$x_0 = 0 \qquad y_0 = c$$

$$x_1 = \alpha \qquad y_1 = a\alpha^2 + b\alpha + c$$

$$x_2 = 2\alpha \qquad y_2 = 4a\alpha^2 + 2b\alpha + c$$

$$y_0 + 4y_1 + y_2 = 8a\alpha^2 + 6b\alpha + 6c$$

de donde

$$S = \frac{\alpha}{3} (y_0 + 4y_1 + y_2)$$

que es la fórmula de la primera regla de Simpson aplicada a tres ordenadas. Para hallar el área encerrada por una curva se divide la superficie en un número de secciones par; por tanto, el número de ordenadas será impar, y separadas un intervalo común α, (Fig. 3.8). Tomando grupos de tres ordenadas consecutivas, aplicándoles la regla anterior para hallar las áreas parciales y sumándolas se obtendrá la fórmula general de la primera regla de Simpson,

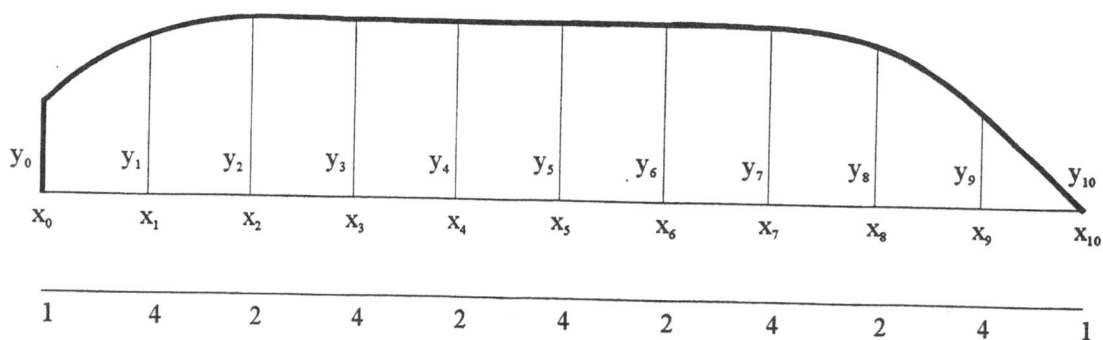

Fig. 3.8 Primera regla de Simpson. Factores

$$S_1 = \frac{\alpha}{3} (y_0 + 4y_1 + y_2)$$

$$S_2 = \frac{\alpha}{3} (y_2 + 4y_3 + y_4)$$

$$S_3 = \frac{\alpha}{3} (y_4 + 4y_5 + y_6)$$

$$....$$
$$....$$

$$S_n = \frac{\alpha}{3} (y_{n-2} + 4y_{n-1} + y_n)$$

$$S = S_1 + S_2 + S_3 + ... + S_n$$

$$S = \frac{\alpha}{3} (y_0 + 4y_1 + 2y_2 + 4y_3 + 2y_4 + ... + 2y_{n-2} + 4y_{n-1} + y_n) \qquad (3.13)$$

que también puede plantearse de la siguiente forma,

$$S = \frac{\alpha}{6} (\frac{y_0}{2} + 2y_1 + y_2 + 2y_3 + y_4 + 2y_5 + y_6 + ... + y_{n-2} + 2y_{n-1} + \frac{y_n}{2}) \qquad (3.14)$$

Subdivisión de intervalos. En los extremos, y para conseguir mayor exactitud en el cálculo del área, se pueden tomar subdivisiones, (Fig. 3.9). El área entre las ordenadas y_0, y_1 será la siguiente

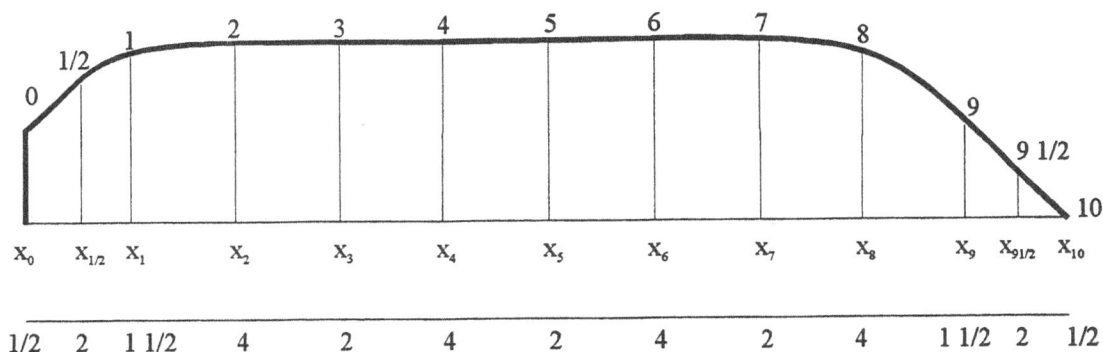

Fig. 3.9 Primera regla de Simpson con subdivisión de intervalos

$$S_{1/2} = \frac{\alpha}{6} (y_0 + 4y_{1/2} + y_1)$$

Y la fórmula general, con una subdivisión en cada extremo, será:

$$S = \frac{\alpha}{3} \left(\frac{1}{2}y_0 + 2y_{1/2} + 1\frac{1}{2}y_1 + 4y_2 + 2y_3 + ... + 4y_{n-2} + 1\frac{1}{2}y_{n-1} + 2y_{n-\frac{1}{2}} + \frac{1}{2}y_n \right) (3.15)$$

Cuadro de operaciones. Al igual que en el método de los trapecios, se tabulan las operaciones para facilitar la labor de cálculo y verificación. En el ejemplo se toman como ordenadas valores de semimangas, por lo que el área hallada será la mitad del área total, debiéndose multiplicar por dos para obtener esta última. También se ha considerado una subdivisión entre las semimangas 0 y 1.

Tabla 3.2 Método de Simpson

Número semimanga	Valor semimanga	Factor	Función área
0	y_0	1/2	1/2 y_0
1/2	$y_{1/2}$	2	2 $y_{1/2}$
1	y_1	1½	1½ y_1
2	y_2	4	4 y_2
3	y_3	2	2 y_3
,	,	,	,
,	,	,	,
,	,	,	,
n-1	y_{n-1}	4	4 y_{n-1}
n	y_n	1	1 y_n
			Σs

$$S = 2 \frac{\alpha}{3} \Sigma s$$

Para poder aplicar la primera regla de Simpson al cálculo del área bajo una curva, el número de ordenadas debe ser impar. En el caso de tener un número par de ordenadas, haciendo una subdivisión en alguno de los extremos también se podrá utilizar esta regla.

3.5 Cálculo de volúmenes

Para calcular el volumen de un cuerpo limitado por una superficie curva, un plano base y cuatro secciones verticales paralelas entre sí dos a dos, se procede de la siguiente manera:

El cuerpo se divide en secciones equidistantes y perpendiculares a la base, (Fig. 3.10). Por cualquiera de los procedimientos indicados en los apartados anteriores se halla el área de cada una de estas secciones y se sitúan sobre un sistema de coordenadas rectangulares, (Fig. 3.11), indicando las ordenadas los valores de las áreas y en abscisas los intervalos entre ellas. Aplicando el método de los trapecios o la primera regla de Simpson, se obtendrá el volumen.

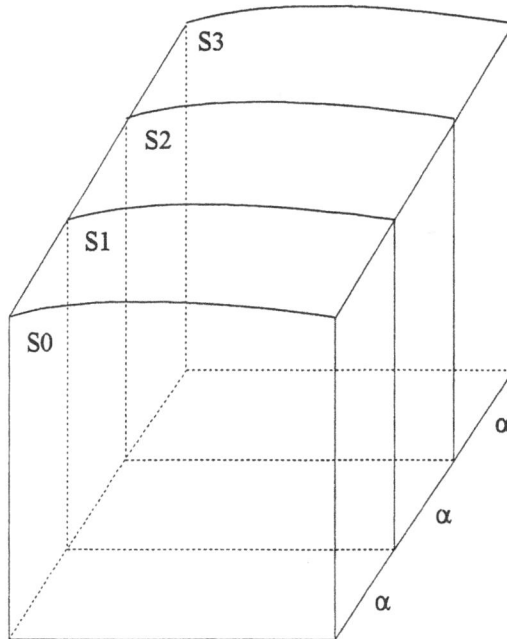

Fig. 3.10 División de un volumen en secciones equidistantes

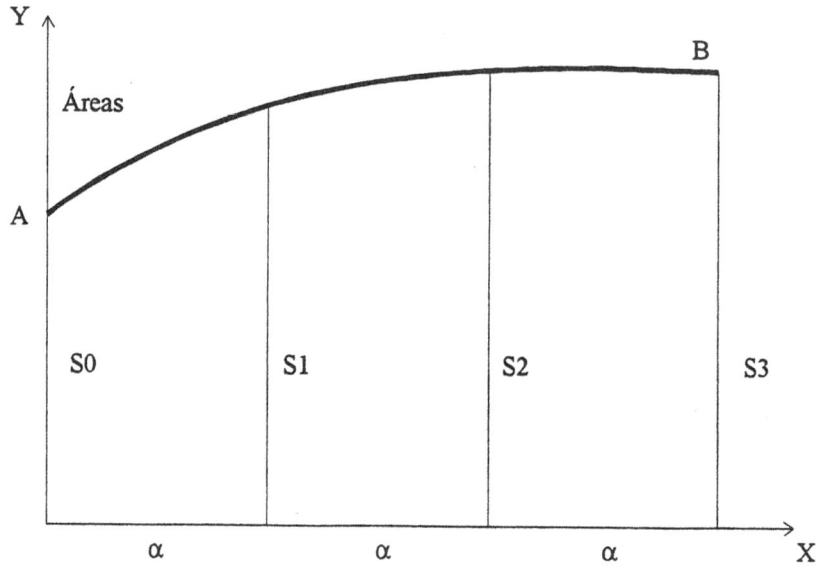

Fig. 3.11 Cálculo del volumen de un cuerpo

Tabla 3.3 Cálculo del volumen de un cuerpo

Número sección	Área sección	Factor	Función volumen
0	S_0	1/2	$1/2\ S_0$
1	S_1	1	$1\ S_1$
2	S_2	1	$1\ S_2$
3	S_3	1/2	$1/2\ S_3$
			Σv

$$V = Volumen = \alpha \cdot \Sigma v$$

3.6 Cálculo del área de una flotación y de su ⊠F

A partir de las semimangas de una flotación se calculan el área y la posición longitudinal del centro de gravedad de la misma con respecto a la cuaderna maestra. Los brazos a popa de la ⊠ se toman positivos y los brazos a proa negativos, con lo que se obtienen los momentos de popa y de proa, siendo su diferencia el momento total con el signo correspondiente que definirá el signo de ⊠F, y, por tanto, si F está a popa o a proa de la perpendicular media o cuaderna maestra.

Tabla 3.4 Cálculo de S y ⊠F

Número semimanga	Valor semimanga	Factor	Función área	Brazo	Función momento
0	y_0	1	$1\,y_0$	4	$4\,(1y_0)$
1	y_1	4	$4\,y_1$	3	$3\,(4y_1)$
2	y_2	2	$2\,y_2$	2	$2\,(2y_2)$
3	y_3	4	$4\,y_3$	1	$1\,(4y_3)$
4	y_4	2	$2\,y_4$	0	$\Sigma m_{pp}\ (+)$
5	y_5	4	$4\,y_5$	-1	$-1\,(4y_5)$
6	y_6	2	$2\,y_6$	-2	$-2\,(2y_6)$
7	y_7	4	$4\,y_7$	-3	$-3\,(4y_7)$
8	y_8	1	$1\,y_8$	-4	$-4\,(1y_8)$
					$\Sigma m_{pr}\ (-)$
			Σs		Σm

$$Area = S = 2 \int_{-E/2}^{+E/2} y \cdot dx$$

$$S = 2 \cdot \frac{\alpha}{3} \cdot \Sigma s$$

$$Momento \ a \ la \ cuaderna \ maestra = M_{\otimes} = 2 \int_{-E/2}^{+E/2} x \cdot y \cdot dx$$

$$M_{\otimes} = 2 \cdot \frac{\alpha}{3} \cdot \alpha \cdot \Sigma m$$

$$\otimes F = \frac{M_{\otimes}}{S} = \frac{2 \cdot \dfrac{\alpha}{3} \cdot \alpha \cdot \Sigma m}{2 \cdot \dfrac{\alpha}{3} \cdot \Sigma s} = \frac{\alpha \cdot \Sigma m}{\Sigma s}$$

3.7 Cálculo de la inercia transversal de una flotación con respecto a un eje longitudinal que pase por F

Aunque en este caso se calcula la inercia transversal de una flotación, puede ser necesario conocer esta dato para otro tipo de superficies, como la formada por el líquido de un tanque parcialmente lleno. La inercia del ejemplo tabulado es con respecto a un eje longitudinal que pasa por F, por tanto coincidirá con el eje longitudinal de simetría del buque, supuesto el buque adrizado.

Tabla 3.5 Cálculo de la I_T

Número semimanga	Valor semimanga	Factor	Función I_T
0	y_0	1	$1 \ y_0^3$
1	y_1	4	$4 \ y_1^3$
2	y_2	2	$2 \ y_2^3$
3	y_3	4	$4 \ y_3^3$
,	,	,	,
,	,	,	,
n-1	y_{n-1}	4	$4 \ y_{n-1}^3$
n	y_n	1	$1 \ y_n^3$
			ΣI_T

$$I_T = \frac{2}{3} \int_0^E y^3 \cdot dx$$

$$I_T = \frac{2}{3} \cdot \frac{\alpha}{3} \cdot \Sigma I_T$$

3.8 Cálculo de la inercia longitudinal de una flotación con respecto a un eje transversal que pase por F

Es interesante el cálculo de la inercia longitudinal de una superficie de flotación con respecto a un eje transversal que pase por su centro de gravedad F, ya que ello obliga a aplicar el teorema del cambio de ejes, puesto que el dato obtenido inicialmente es con respecto al eje transversal que pasa por la cuaderna maestra.

Tabla 3.6 Cálculo de la IL_F

Núm SM	Valor SM	Factor	Función área	Brazo	Función Mto.	Brazo	Función I_L
0	y_0	1	$1\,y_0$	5	$5(1y_0)$	5	$5^2(1y_0)$
1	y_1	4	$4\,y_1$	4	$4(4y_1)$	4	$4^2(4y_1)$
2	y_2	2	$2\,y_2$	3	$3(2y_2)$	3	$3^2(2y_2)$
3	y_3	4	$4\,y_3$	2	$2(4y_3)$	2	$2^2(4y_3)$
,	,	,	,	,	,	,	,
,	,	,	,	0	Σm_{pp}	0	,
,	,	,	,	,	,	,	,
,	,	,	,	,	,	,	,
9	y_9	4	$4\,y_9$	-4	$-4(4y_9)$	-4	$4^2(4y_9)$
10	y_{10}	1	$1\,y_{10}$	-5	$-5(y_{10})$	-5	$5^2(1y_{10})$
					Σm_{pr}		
			Σs		Σm		ΣI_L

$$S = 2 \cdot \frac{\alpha}{3} \cdot \Sigma s$$

$$\otimes F = \frac{M_{\otimes}}{S} = \frac{2 \cdot \dfrac{\alpha}{3} \cdot \alpha \cdot \Sigma m}{2 \cdot \dfrac{\alpha}{3} \cdot \Sigma s} = \frac{\alpha \cdot \Sigma m}{\Sigma s}$$

$$I_{L\otimes} = 2 \int_{-E/2}^{+E/2} x^2 \cdot y \cdot dx$$

$$I_{L\otimes} = 2 \cdot \frac{\alpha}{3} \cdot \alpha^2 \cdot \Sigma I_L$$

Cambiando el eje de ⊠ a F,

$$I_{LF} = I_{L\otimes} - S \cdot (\otimes F)^2$$

3.9 Cálculo del volumen sumergido de un buque y de su KC

El volumen sumergido de un buque se puede calcular, o bien a partir de las áreas de las flotaciones hasta un calado determinado, o de las áreas de las secciones transversales. En este apartado se obtiene el volumen a través de flotaciones equidistantes un valor β, en definitiva incrementos de calado, se toman momentos con respecto a la quilla, y, finalmente, se halla la altura del centro de carena sobre la misma, KC.

En ambos casos se requiere el conocimiento de las semimangas, las cuales, como ya se ha tenido ocasión de ver, se obtienen, o del plano de formas del buque, o de la cartilla de trazado. El hacer el cálculo de las dos formas permite verificar los valores de los volúmenes obtenidos para los diferentes calados del buque, paralelos entre sí, y, además, hallar la posición del centro de gravedad del volumen sumergido, es decir, el centro de carena, en lo que respecta a sus coordenadas vertical y longitudinal. La coordenada transversal debe ser cero, debido a la simetría que tiene el buque con respecto al plano diametral y a que se considera el buque adrizado.

Multiplicando el volumen sumergido por la densidad se hallará el desplazamiento del buque para los diferentes calados.

Tabla 3.7 Cálculo del ∇ y del KC

Número flotación	Área flotación	Factor	Función volumen	Brazo	Función momento
0	S_0	1/2	$1/2\ S_0$	0	$0\ (\tfrac{1}{2}S_0)$
1	S_1	1	$1\ S_1$	1	$1\ (1S_1)$
2	S_2	1	$1\ S_2$	2	$2\ (1S_2)$
3	S_3	1	$1\ S_3$	3	$3\ (1S_3)$
,	,	,	,	,	,
,	,	,	,	,	,
n	S_n	1/2	$1/2\ S_n$	n	$n\ (\tfrac{1}{2}S_n)$
			$\Sigma\nabla$		Σm

Valor del intervalo $= \beta$

$$\nabla = \beta \cdot \Sigma\nabla$$

$$M = \beta^2 \cdot \Sigma m$$

$$KC = \frac{M}{\nabla} = \frac{\beta^2 \cdot \Sigma m}{\beta \cdot \Sigma\nabla} = \frac{\beta \cdot \Sigma m}{\Sigma\nabla}$$

3.10 Cálculo del volumen sumergido de un buque y de su ⬚C

Como se ha indicado en el apartado anterior, otra manera de obtener el volumen sumergido de un buque es a partir de las áreas de las secciones transversales o cuadernas de trazado hasta un calado determinado. Tomando momentos con respecto a la cuaderna maestra se hallará la posición longitudinal del centro de carena, ⬚C.

Tabla 3.8 Cálculo del ∇ y de ⊗C

Número sección	Área sección	Factor	Función volumen	Brazo	Función momento
0	A_0	1	$1 A_0$	+4	$+4 (1A_0)$
1	A_1	4	$4 A_1$	+3	$+3 (4A_1)$
2	A_2	2	$2 A_2$	+2	$+2 (2A_2)$
3	A_3	4	$4 A_3$	+1	$+1 (4A_3)$
4	A_4	2	$2 A_4$	0	$\Sigma m_{pp} (+)$
5	A_5	4	$4 A_5$	-1	$-1 (4A_5)$
6	A_6	2	$2 A_6$	-2	$-2 (2A_6)$
7	A_7	4	$4 A_7$	-3	$-3 (4A_7)$
8	A_8	1	$1 A_8$	-4	$-4 (1A_8)$
					$\Sigma m_{pr} (-)$
			$\Sigma \nabla$		Σm

A = área de la sección transversal

$$\nabla = \frac{\alpha}{3} \cdot \Sigma \nabla$$

$$M_\otimes = \alpha \cdot \frac{\alpha}{3} \cdot \Sigma m$$

$$\otimes C = \frac{M_\otimes}{\nabla} = \frac{\alpha \cdot \dfrac{\alpha}{3} \cdot \Sigma m}{\dfrac{\alpha}{3} \cdot \Sigma \nabla} = \frac{\alpha \cdot \Sigma m}{\Sigma \nabla}$$

4 Arqueo

4.1 Arqueo de buques

El arqueo es una manera de medir la capacidad comercial de los buques. La IMO recomienda su utilización como parámetro en convenios, leyes y reglamentos, y también como base para datos estadísticos relacionados con el volumen total o capacidad utilizable de los buques mercantes. Entre otros, dependen del arqueo la tasación de los derechos y servicios de puerto, dique y paso por canales, así como las atribuciones de los títulos profesionales de la marina mercante.

En la actualidad el arqueo se rige por el sistema universal de la Conferencia Internacional sobre Arqueo de Buques de 1.969, de la IMO, que viene a substituir al sistema de arqueo Moorsom, aplicación de la *Merchant Shipping Act* de 1.854 (UK), siendo George Moorsom el secretario de la comisión que realizó el estudio, y que fue adoptado posteriormente por la Conferencia Internacional de Constantinopla de 1.873 (no obstante, los buques de eslora inferior a 24 m; seguirán siendo arqueados por el sistema de Moorsom). Este sistema daba normas para medir la capacidad del buque, sin embargo, las interpretaciones y modificaciones realizadas por las diferentes naciones a título individual introdujeron diferencias tales que obligaron a acuerdos recíprocos de reconocimiento de los respectivos certificados de arqueo.

Por otra parte, canales como el de Panamá y el de Suez expiden sus propios certificados de arqueo.

4.2 Tonelaje

Al arqueo de un buque se le denomina también tonelaje. Por lo tanto, este término no implica necesariamente peso, siendo incluso más habitual utilizarlo en el sentido de arqueo. Esto dio pie a confusión, habitual aún actualmente, entre el valor del desplazamiento, peso del buque en toneladas, y el del arqueo expresado también en toneladas, y, sin embargo, no existe ninguna relación entre ellos.

La palabra tonelaje proviene del siglo XIII, época en la que se realizaba un intenso comercio de vino en toneles de madera desde Francia a Gran Bretaña. El número de toneles, de aproximadamente el mismo tamaño, que podía transportar el buque era el método seguido para medir su capacidad comercial. Con el tiempo los toneles se normalizaron y pesaban llenos unos 1.016 Kg, o sea, 1 *Long Ton*.

En la *Merchant Shipping Act* de 1.854 (UK) se introdujo el Sistema Moorsom, cuyos principios eran cubicar todos los espacios interiores del buque para establecer una medida de su capacidad productiva, y el que los espacios disponibles para el transporte de carga y pasaje eran una medida de su capacidad ganancial, debiendo ser el tonelaje un valor proporcional a estas capacidades. Los volúmenes, calculados en pies cúbicos y divididos por un factor, 100, dan el valor del arqueo en Toneladas Moorsom, siendo esta la unidad del sistema. La idea de dividir por 100 partió de la necesidad de que los tonelajes calculados por la *Merchant Shipping Act* de 1.854, fueran lo más parecidos posible a los calculados por el método al cual substituía.

4.3 Sistema Moorsom

El Reglamento Español de Arqueo aprobado en el año 1.909 era una aplicación del Sistema Moorsom a propuesta de la Comisión Internacional de Arqueo reunida en Constantinopla en 1.873.

4.3.1 Definiciones

Tonelaje total o tonelaje de registro bruto (TRB). Expresión de la capacidad total de una embarcación.

Tonelaje neto o tonelaje de registro neto (TRN). Expresión de la capacidad disponible para carga y pasaje.

Tonelada de arqueo. La unidad de arqueo se denomina tonelada de arqueo, y está representada por un volumen de 100 pies cúbicos, 2.83 m³. Al número de unidades de esta especie que un buque contiene, es a lo que se llama su tonelaje.

Apreciación de las medidas. Las dimensiones que se tomen en las embarcaciones y hayan de servir para el cálculo de su arqueo se expresarán en metros y fracciones decimales de metro, despreciando las menores de cinco milímetros, y contando como un centímetro las mayores de esa cantidad. De la misma manera en los resultados de las cubicaciones, se despreciarán las fracciones menores de cinco milésimas de tonelada, y se considerarán como una centésima las de cinco en adelante.

Espacios exentos y descontables. Los diferentes espacios que configuran el volumen total del buque se pueden clasificar de la siguiente manera:

- Volúmenes que forman parte del tonelaje bruto.
- Volúmenes que no forman parte del tonelaje bruto y que, por tanto, son espacios exentos.

- Volúmenes a deducir del tonelaje bruto para obtener el neto, y que se denominan espacios descontables.

Eslora de registro. Es la eslora medida desde la cara de proa de la extremidad superior de la roda hasta la cara de popa de la extremidad superior del codaste. Si no existiese codaste, la eslora de registro se mide hasta la intersección de la parte de proa de la mecha del timón (o de la vertical que ficticiamente la prolonga) con la cubierta más elevada, (Fig. 4.1).

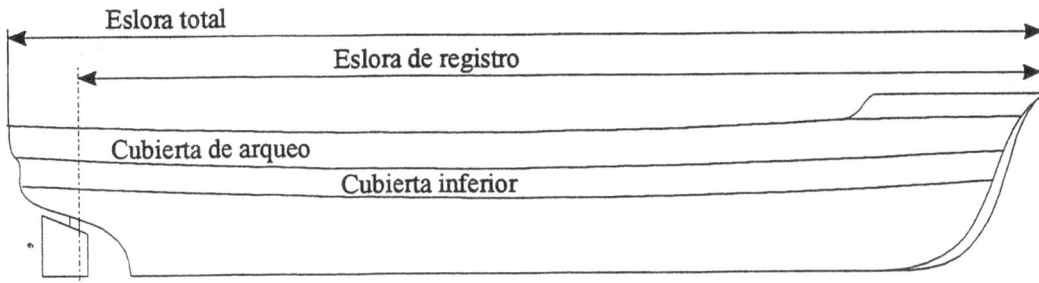

Fig. 4.1 Esloras y cubierta de arqueo

Eslora total. Es la eslora máxima, es decir, medida entre las partes extremas de proa y popa de la estructura del buque, (Fig. 4.1).

Manga de registro. Es la manga máxima del buque, medida fuera de forros, pero sin incluir los cintones ni las defensas, (Fig. 4.2).

Puntal de registro. Es la distancia vertical, medida en el plano longitudinal de simetría del buque y en la mitad de la eslora de registro, entre la cara inferior de la cubierta de arqueo y la cara superior del cielo del doble fondo o de las varengas, (Fig. 4.2). En los buques que tengan tres o más cubiertas, se medirá un puntal de registro suplementario, a partir de la cara inferior de la cubierta superior.

4.3.2 Cubierta de arqueo

Por cubierta de arqueo se entiende la superior en los buques que tienen una o dos cubiertas, y la segunda a partir de la bodega, en los que tienen más de dos, (Figs. 4.1 y 4.2).

La cubierta superior continua es la cubierta expuesta a las inclemencias de la mar y del tiempo, que tiene medios de cierre en todas las aberturas existentes en aquellas zonas de ella expuestas a las inclemencias del tiempo, siempre y cuando todas las aberturas existentes en los costados del buque por debajo de dicha cubierta estén provistas con medios de cierre estancos de carácter permanente.

La segunda cubierta será la cubierta inmediata inferior a la cubierta superior continua. Debe ser continua en el sentido longitudinal y en el transversal, y debe estar construida de forma que pueda ser considerada como una parte integrante y permanente de la estructura del buque, con tapas de cierre adecuadas colocadas en todas las escotillas principales. Discontinuidades como las aberturas correspondientes a los espacios en que se halla instalada la maquinaria propulsora, y otras, no serán consideradas como causas que motiven una falta de continuidad de la cubierta.

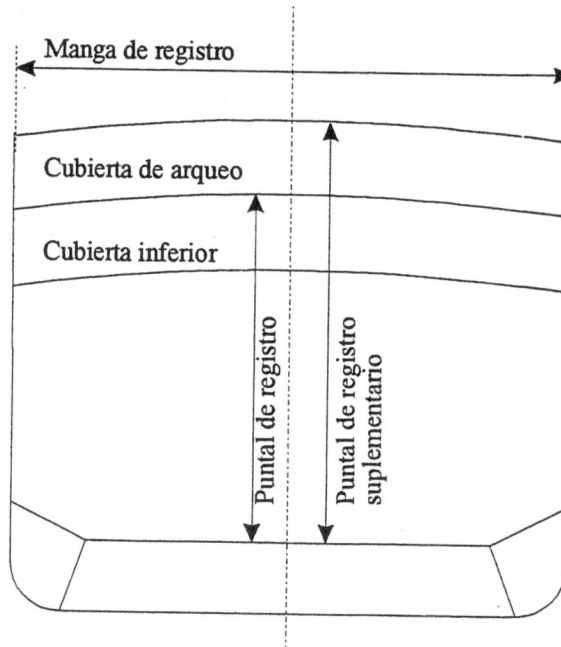

Fig. 4.2 Manga y puntal de registro

4.3.3 Espacios que comprende el tonelaje total

El tonelaje total comprende el de los espacios que existen bajo la cubierta superior del buque y de todos los cerrados y cubiertos que se encuentren sobre ella.

Por espacios cerrados y cubiertos se entienden los limitados por cubiertas y mamparos fijos con capacidades utilizables para transporte de mercancías o para alojamiento y uso de pasajeros y dotación.

4.3.4 Espacios no comprendidos en el tonelaje total

No formarán parte del tonelaje aquellos espacios bajo cubiertas ligeras sin más unión entre ellas y el cuerpo del buque que los candeleros o puntales necesarios para sostenerlas y que, además de no constituir espacios limitados, están expuestos de una manera permanente a las inclemencias del viento y la mar.

Tampoco estarán comprendidos en el tonelaje total las toldillas, saltillos centrales o cualquier otra superestructura permanente con una o varias aberturas en sus costados o extremos, no provistas de puertas o de cualquier otro medio permanente de cierre, pero si estos espacios se utilizasen para cualquier clase de carga o se dedicasen a instalar alojamientos o desahogo del pasaje, los volúmenes de estos espacios formarán parte del tonelaje total.

Ni tampoco formarán parte del tonelaje total los dobles fondos para lastre de agua, siempre que estén construidos de firme y no puedan utilizarse para el transporte de mercancías.

4.3.5 Reglas de arqueo

Se denomina arquear, al conjunto de operaciones a realizar para obtener el tonelaje de un buque. En el Sistema Moorsom existen dos reglas de arqueo:

Primera regla de arqueo. Aplicable a embarcaciones con y sin cubierta. Se divide el buque en varias partes, hallándose el volumen de cada una de ellas previo cálculo de las áreas de las secciones transversales en que se hayan subdividido cada una de las partes.

Segunda regla de arqueo. Esta regla se aplica en casos excepcionales para obtener el valor del arqueo de forma rápida y aproximada, por ejemplo, en caso de duda sobre la veracidad del valor que figura en el certificado de arqueo.

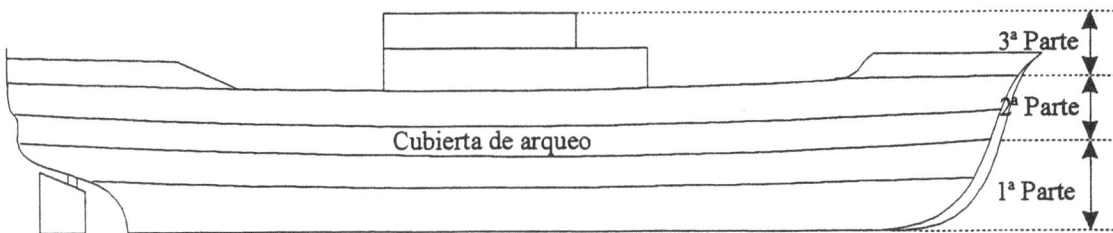

Fig. 4.3 Arqueo por la primera regla . Partes en que se divide el buque

4.3.6 Arqueo por la primera regla

Partes en que se considera dividido el buque. Para arquear un buque por esta regla, se considera dividido en tres partes: La primera, comprende el espacio que se halla bajo la cubierta de arqueo; la segunda, el que se halla entre la cubierta de arqueo y la superior, y la tercera, los espacios cerrados y cubiertos que se hallan sobre dicha cubierta superior, (Fig 4.3).

Medidas del espacio bajo la cubierta de arqueo. Para determinar el volumen comprendido bajo la cubierta de arqueo, se tomarán en el buque las dimensiones siguientes:

1. Eslora. La eslora sobre la parte superior de la cubierta de arqueo, de dentro a dentro del forro interior.

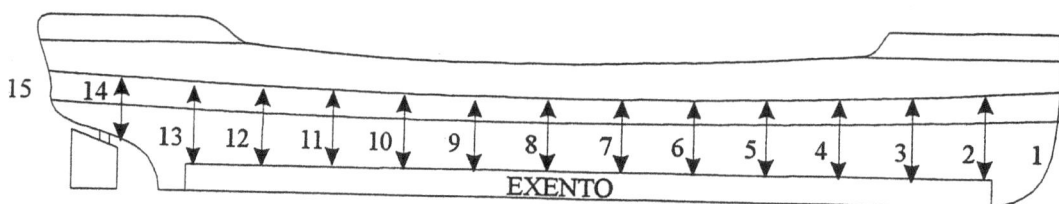

Fig. 4.4 Arqueo por la primera regla. División de la eslora bajo la cubierta de arqueo

2. División de la eslora, (Fig. 4.4). Dicha eslora se dividirá en el número de partes iguales que se expresan a continuación:

CLASE 1ª	Buques de eslora en la cubierta de arqueo ≤ 15 m., en cuatro partes
CLASE 2ª	E > 15 m a 37 m inclusive, 6 partes
CLASE 3ª	E > 37 m a 55 m inclusive, 8 partes
CLASE 4ª	E > 55 m a 70 m inclusive, 10 partes
CLASE 5ª	E > 70 m a 85 m inclusive, 12 partes
CLASE 6ª	E > 85 m a 100 m inclusive, 14 partes
CLASE 7ª	E > 100 m a 115 m inclusive, 16 partes
CLASE 8ª	E > 115 m a 130 m inclusive, 18 partes
CLASE 9ª	E > 130 m, en 20 partes

Las divisiones se marcarán con los números 1, 2, 3, 4, 5, etc., que indicarán los puntos por donde deberán pasar las secciones transversales que se considerarán en el buque, marcando con el número 1 el extremo de proa, con el núm. 2 el primer punto de división, con el núm. 3 el segundo, y así sucesivamente, de modo que el último número quede en el límite de popa.

3. Puntales, (Fig. 4.5). En cada una de las secciones se medirá el puntal entre la cara superior del doble fondo y los 2/3 de la brusca del bao.

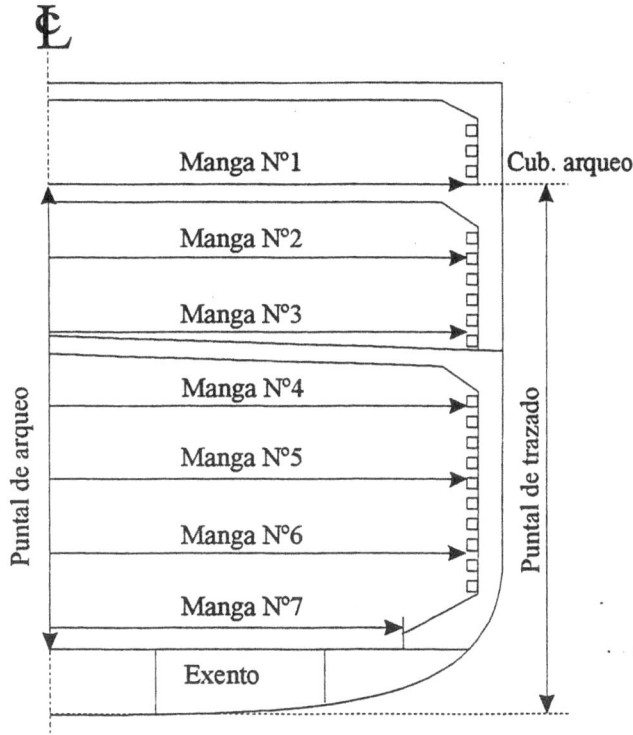

Fig. 4.5 Arqueo por la primera regla. Puntales y mangas bajo la cubierta de arqueo

Cada uno de los puntales se dividirá en cuatro partes iguales cuando el correspondiente a la división central no exceda de cinco metros, y en seis partes cuando excediese; estas divisiones se marcarán con los números 1, 2, 3, etc., dando el número 1 al extremo superior, el 2 a la primera división, el 3 a la segunda, y así sucesivamente, de modo que el último número indique el extremo inferior.

4. Mangas, (Fig. 4.5). Por los puntos de división de cada puntal considerado, se medirán las mangas del buque de dentro a dentro del forro interior, distinguiéndolas por la numeración indicada.

5. Área de las secciones, (Fig. 4.6). Realizadas las mediciones en la forma anterior, se aplicará la primera regla de Simpson para calcular las áreas de las secciones transversales, teniendo en cuenta el intervalo común β de separación entre los puntos de división del puntal.

$$S = \frac{\beta}{3} (M_1 + 4M_2 + 2M_3 + ... + 4M_{n-1} + M_n)$$

S   área de la sección transversal
β separación entre mangas
$M_1, M_2, M_3, ...$ mangas

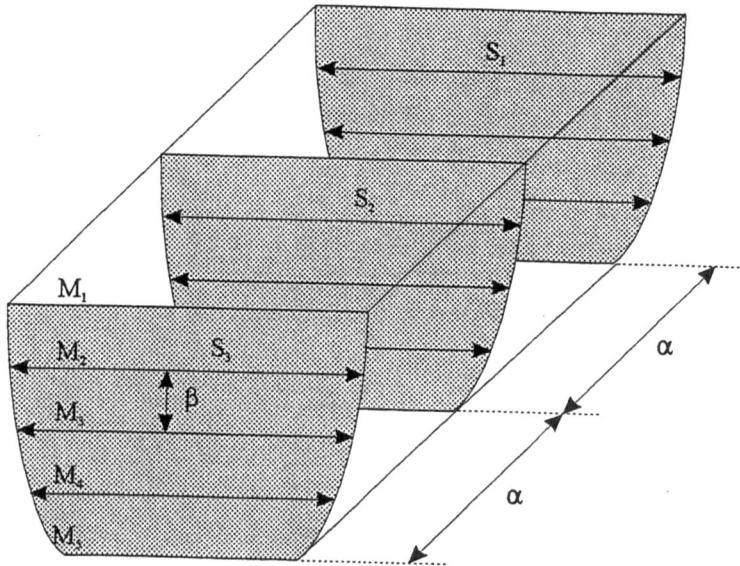

Fig. 4.6 Cálculo de las áreas de las secciones y del volumen bajo la cubierta

6. Volumen y tonelaje, (Fig. 4.6). Aplicando la primera regla de Simpson a las áreas obtenidas en el punto anterior dará el volumen en metros cúbicos, el cual se reducirá a toneladas de arqueo, dividiéndolo por 2.83.

$$V_1 = \frac{\alpha}{3} (S_1 + 4S_2 + 2S_3 + ... + 4S_{n-1} + S_n)$$

V_1 volumen bajo la cubierta de arqueo
α distancia entre secciones
$S_1, S_2, S_3, ...$ área de las secciones

$$Toneladas\ Moorsom = \frac{V_1}{2.83}$$

Medida de los espacios entre la cubierta de arqueo y la cubierta superior

Para arquear los espacios comprendidos entre la cubierta de arqueo y la superior, en los buques que tengan más de dos cubiertas, se procederá operando con cada entrepuente por separado de la manera siguiente:

1. Se medirá la eslora a la mitad de la altura del entrepuente desde el forro interior al lado de la contraroda hasta el forro interior de popa; esta longitud se dividirá en tantas partes iguales como se hubieran adoptado para la cubierta de arqueo.

2. En cada uno de estos puntos de división, así como en los extremos, se medirán las mangas a la mitad de la altura de los puntales correspondientes, marcándolas con los números 1, 2, 3, etc., empezando por el extremo de proa.

3. Se aplicará la primera regla de Simpson para calcular el área media horizontal del entrepuente, y multiplicando ésta por el puntal medio, medido desde la cara superior de la cubierta inferior a la cara inferior de la cubierta superior, dará el volumen en metros cúbicos, el cual, dividido por 2.83, representará las toneladas de arqueo del entrepuente.

$$S_E = \frac{\alpha}{3}\ (M_1 + 4M_2 + 2M_3 + \ldots + 4M_{n-1} + M_n)$$

S_E área media horizontal de entrepuente
α intervalo común
$M_1, M_2, M_3, \ldots$ mangas

$$V_2 = P\ x\ S_E$$

V_2 volumen del entrepuente
P puntal medio del entrepuente

$$Toneladas\ Moorsom = \frac{V_2}{2.83}$$

Espacios sobre la cubierta superior

Cada uno de los espacios cerrados y cubiertos que se hallan sobre la cubierta superior, se arqueará de la manera siguiente:

1. Si los contornos están limitados por superficies curvas, se medirá en el interior la eslora media de cada compartimento y se dividirá en dos partes iguales. En los puntos extremos y medio de dicha longitud, se medirán las mangas o anchos interiores a la mitad de la altura del compartimento.

Aplicando la primera regla de Simpson, siendo el intervalo e/2, se obtendrá el área media central del compartimento. Se medirá el puntal medio que multiplicado por el área dará el volumen de la superestructura, y dividiendo por 2.83 se tendrá el tonelaje.

$$V_3 = p \times \frac{e}{6} (m_1 + 4m_2 + m_3)$$

$$Toneladas\ Moorsom = \frac{V_3}{2.83}$$

V_3 volumen del espacio sobre la cubierta
p   puntal medio
e   eslora media del espacio
m_1, m_2, m_3 mangas medidas a la mitad de la altura del compartimento o espacio

2. Si los contornos están limitados por superficies planas, se determinará el volumen multiplicando entre sí la longitud, el ancho y la altura media de cada compartimento distinto, y dividiendo el volumen resultante por 2.83, se tendrá el tonelaje.

Arqueo de embarcaciones sin cubierta. Para embarcaciones sin cubierta, el canto superior de la última hilada de forro exterior del costado se considerará como limitando el espacio que debe medirse. La eslora se toma y se divide como si hubiera una cubierta a la altura del canto superior de la citada hilada, y los puntales se cuentan a partir de una línea horizontal que pase por dicho canto. El tonelaje se obtendrá de forma parecida a como se calculó el comprendido bajo la cubierta de arqueo en la primera regla.

4.3.7 Arqueo por la segunda regla o regla de la cadena

El arqueo de una embarcación por esta regla se divide en dos partes; la primera, comprende el arqueo de todos los espacios que se hallan bajo la cubierta superior, y la segunda, la de todos los que se hallan cerrados y cubiertos sobre la misma.

1. Se mide la eslora de la embarcación sobre la cubierta superior, desde el canto de fuera de la roda hasta la cara de popa del codaste.

2. Se mide igualmente la manga del buque en el fuerte y de fuera a fuera del forro.

3. Se señalan en los dos costados, en una misma perpendicular al plano diametral que pasa por el sitio de la mayor manga, los cantos superiores de la cubierta alta; se hace pasar bajo la quilla una cadena que vaya de una a otra señal, y se mide el largo de esta cadena.

4. Obtenidas dichas medidas se suman la manga y el contorno exterior dado por la cadena; de esta suma se toma la mitad, se eleva al cuadrado, y el resultado se multiplica por la eslora y después por el factor 0.18, si el buque es de casco metálico, o por el factor 0.17, si el buque es de madera o de construcción mixta.

En ambos casos, el resultado obtenido se divide por 2.83 para tener el tonelaje.

$$Toneladas\ Moorsom = \frac{\left(\dfrac{M + Lc}{2}\right)^2 E}{2.83}\ f$$

E   eslora medida del buque
M   manga en el fuerte
Lc   largo de cadena
f   factor: 0.18 para casco metálico
           0.17 para buque de madera o de construcción mixta

Los espacios cerrados y cubiertos que existiesen sobre la cubierta superior se arquearán como se ha indicado para la primera regla de arqueo.

4.3.8 Descuentos que deben hacerse al tonelaje total para obtener el neto

Existe la prohibición absoluta de realizar descuento alguno en el tonelaje total para obtener el neto, por espacio que no haya sido comprendido previamente en el primero.

Descuentos comunes de los buques:

a) El espacio ocupado por la caseta del timonel

b) Cualquier superestructura en la cubierta superior del buque construida para abrigo de los pasajeros en viajes cortos y que no tenga otro objeto que el defender del viento y de la mar

c) Los espacios ocupados por la cocina, hornos para cocer el pan y destilador de agua

d) Los espacios ocupados por jardines y beques

e) El espacio destinado a alojamiento de la dotación y exclusivamente para su uso

f) El espacio destinado a alojamiento del capitán y exclusivamente para su uso

g) Los espacios ocupados por la maniobra del timón, la del cabrestante y la de las anclas

h) El espacio ocupado por la caseta de derrota, destinado exclusivamente para guardar las cartas, señales u otros instrumentos para la navegación

i) El espacio ocupado por el pañol del contramaestre

j) Cualquier espacio que esté ocupado por una máquina auxiliar para el servicio del buque

k) El espacio ocupado por la máquina y la caldera del donkey

l) El espacio ocupado por los lastres de agua. Si estos están acomodados en los dobles fondos, ya no deben haber sido comprendidos en el tonelaje total

m) En los buques de vela, será espacio descontable el ocupado por el pañol de las velas y su maniobra

La cubicación de estos espacios se efectuará por los mismos procedimientos que se han expuesto para los espacios cubiertos y cerrados sobre la cubierta superior.

4.3.9 Descuentos en los buques movidos por agentes mecánicos

En estos buques se ha de descontar del tonelaje total para obtener, además de los comunes anteriores, los espacios, en extensión razonable, que se reseñan a continuación:

a) Los espacios destinados a la instalación de las máquinas y calderas

b) El espacio ocupado por el túnel del eje de la hélice

c) El espacio ocupado en la cubierta y entrepuentes por construcciones cerradas, apropiadas para dar luz y ventilación a las cámaras de calderas y máquinas

El descuento de los espacios de máquinas en los buques con hélice, y de acuerdo con la Regla del Danubio aceptada por España en el año 1.953, es el que se muestra en la tabla de la página siguiente,

V   volumen bruto del buque en m^3

M   espacios en m^3 de máquinas y calderas que han sido calculados utilizando la Regla del Danubio

M / V	Descuento
< 0.13	2.46 M
0.13 a 0.20	0.32 V
> 0.20	1.75 M

La suma de los descuentos por los espacios ocupados por el aparato motor, y los que de él formen parte, no podrá exceder en ningún caso del 55% del tonelaje resultante de deducir del tonelaje total los descuentos comunes, excepto cuando se trate de remolcadores, pero única y exclusivamente si se dedican a este fin.

4.3.10 Buques Shelter-deck

Los buques Shelter-deck abiertos son de dos cubiertas, siendo la segunda la de arqueo, y tienen en la cubierta superior una escotilla, denominada de arqueo, con cierre no estanco, lo cual permite declarar el entrepuente como espacio exento, (Fig. 4.7).

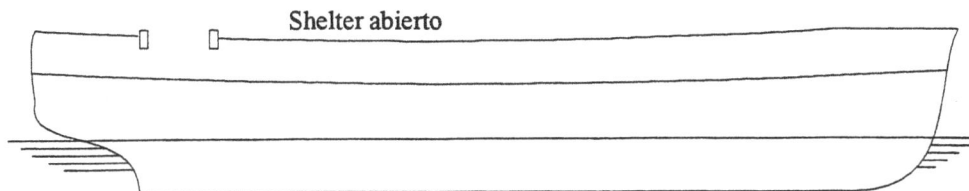

Shelter abierto

Fig. 4.7 Buque Shelter-deck abierto

Los buques Shelter-deck cerrados, también de dos cubiertas, no llevaban escotilla de arqueo, o la llevaban con cierre permanente y estanco, con lo cual el entrepuente formaba parte del tonelaje bruto.

La IMO en el año 1.963 adoptó las *Recomendaciones referentes al tratamiento de los espacios Shelter-deck y otros espacios abiertos*, las cuales fueron aceptadas por España en el año 1.966, y a las que se hace referencia a continuación:

a) Espacios Shelter-deck

Para dar una mayor seguridad en la navegación a los buques del tipo Shelter-deck abierto sin aumentar sus gastos de explotación se autoriza el cierre permanente de su escotilla de arqueo, sin que por ello pierda definitivamente la ventaja de ser declarado exento el entrepuente Shelter, sino condicionándolo a que no quede sumergida la marca de arqueo, que llevará pintada el buque en cada uno de sus costados. Cuando la marca de arqueo quede sumergida, el tonelaje del entrepuente Shelter será incluido en el arqueo bruto.

Si se trata de buques de tipo Shelter-deck cerrado, cuando realicen viajes en los cuales no sumerja la marca de arqueo debido al hecho de llevar poca carga o ser ésta de peso específico reducido, será declarado exento el tonelaje del entrepuente Shelter, con lo cual el buque participará en dichos viajes de la ventaja de ser más económica su explotación sin haber disminuido sus condiciones de seguridad.

b) Marca de arqueo

1. Cubierta de referencia para la marca de arqueo. La marca de arqueo debe estar situada a una cierta distancia por debajo de la línea de la segunda cubierta.

2. Situación de la marca de arqueo. En un apéndice de las Recomendaciones de la IMO para buques Shelter-deck figura una tabla en la que entrando con la eslora y la relación eslora/puntal, definiendo como deben medirse, se obtiene la distancia para fijar la marca de arqueo por debajo de la segunda cubierta.

3. La marca de arqueo y la línea de máxima carga. La marca de arqueo deberá ir marcada en cada uno de los costados del buque, a popa de la cuaderna maestra. En ningún caso se podrá asignar una marca de arqueo que se halle por encima de la línea de máxima carga apropiada.

4. Utilización de la marca de arqueo en la determinación del arqueo. Cuando la marca de arqueo no se halle sumergida, los arqueos bruto y neto a adoptar serán los determinados teniendo exento el entrepuente Shelter. Cuando la marca de arqueo se halle sumergida, los arqueos bruto y neto a adoptar serán los determinados sin exceptuar el citado espacio.

5. Certificado de arqueo. Si un buque tiene una marca de arqueo, su certificado debe indicar dos juegos de arqueos bruto y neto.

6. Forma y posición de la marca de arqueo, (Figs. 4.8 y 4.9). La marca de arqueo consiste en una línea horizontal de 380 milímetros de longitud por 25 milímetros de anchura, encima de la cual se coloca, a efectos de identificación, un triángulo equilátero invertido, cada lado de 300 milímetros de longitud por 25 milímetros de anchura, con su vértice situado en el punto medio de esta línea. El canto superior de la línea horizontal indica el calado máximo a que puede ser cargado el buque, si se desea mantener la exención de ciertos espacios situados en el entrepuente superior.

Puede asignarse una línea adicional indicando similarmente el calado permitido en agua dulce. La corrección a utilizar para fijar la situación de esta línea adicional será igual a 1/48 del calado fuera de miembros medido hasta la marca de arqueo. Esta línea adicional será una línea horizontal de 230 milímetros de longitud por 25 milímetros de anchura, medida a partir de una línea vertical de 25 milímetros de anchura, dibujada en el extremo de popa de la marca de arqueo y perpendicularmente a ella.

La marca de arqueo se colocará a popa de la cuaderna media, tan cerca de ella como sea posible, pero en ningún caso estará el vértice del triángulo a una distancia menor de 540 milímetros ni a una distancia mayor de 2.000 milímetros a popa de la vertical que pasa por el centro del disco.

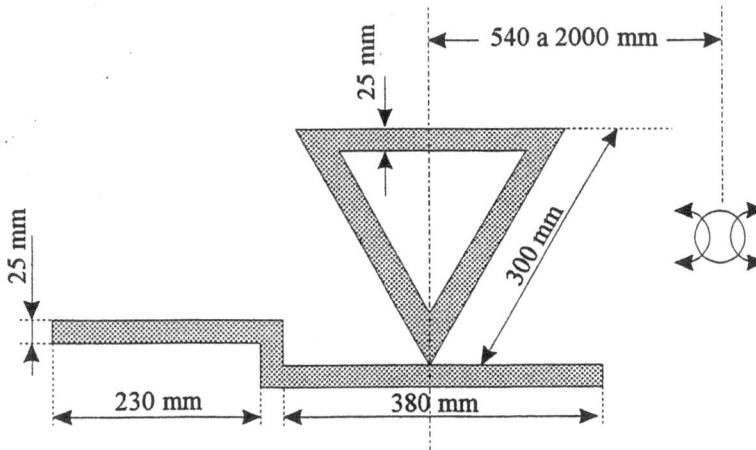

Fig. 4.8 Marca de arqueo de los buques Shelter-deck

4.4 Convenio Internacional sobre Arqueo de Buques de la IMO, de 1.969

Sistema universal de arqueo. Reconociendo que el establecimiento de un sistema internacional de arqueo de los buques que efectúen viajes internacionales constituiría una importante contribución al transporte marítimo, se celebró en Londres en 1.969 una conferencia por invitación de la IMO, a fin de redactar un Convenio Internacional sobre Arqueo de Buques.

4.4.1 Definiciones

El arqueo de un buque comprende el arqueo bruto y el neto.

Arqueo bruto. Es la expresión del tamaño total de un buque, determinada de acuerdo con las disposiciones del presente Convenio.

Arqueo neto. Es la expresión de la capacidad utilizable de un buque, determinada de acuerdo con las disposiciones del presente Convenio.

Popa ← → Proa

Línea de cubierta

Francobordo de Verano

DT
D

T
V
I
ANI

entre 540 mm. y 2000 mm.   540 mm.

Popa ← → Proa

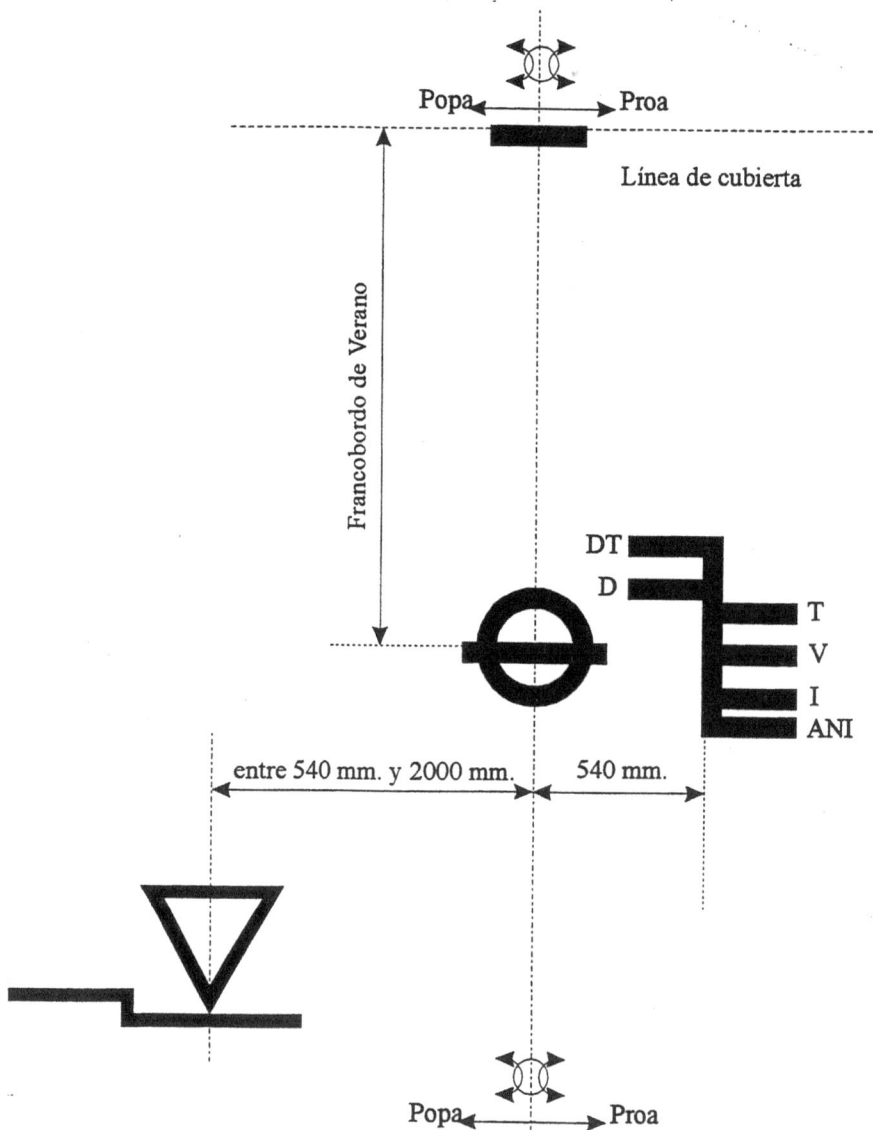

Fig. 4.9 Posición de la marca de arqueo de los buques Shelter-deck

Eslora. Significa el 96 % de la eslora total en una flotación situada a una altura sobre el canto superior de la quilla igual al 85 % del puntal mínimo de trazado, o la distancia desde la cara de proa de la roda al eje de la mecha del timón en esta flotación, si este último valor es mayor. En los buques proyectados para navegar con asiento de quilla, la flotación en la que se ha de medir la eslora debe ser paralela a la flotación en carga prevista en el proyecto.

Puntal de trazado. El puntal de trazado es la distancia vertical medida desde el canto alto de la quilla hasta la cara inferior de la cubierta superior en el costado. En los buques de madera y en los de construcción mixta, esta distancia se medirá desde el canto inferior del alefriz. Cuando la forma de la parte inferior de la cuaderna maestra es cóncava o cuando existen tracas de aparadura de gran espesor, esta distancia se medirá desde el punto en que la línea del plano del fondo, prolongada hacia el interior, corte el costado de la quilla.

Manga. La manga es la manga máxima del buque, medida en el centro del mismo, fuera de miembros en los buques de forro metálico, o fuera de forros en los buques de forro no metálico.

Calado de trazado (d). Será uno de los siguientes calados:

i) para los buques sujetos a las disposiciones del Convenio Internacional sobre Líneas de Carga, el calado correspondiente a la línea de carga de verano (que no sea el de las líneas de carga para madera) asignada de conformidad con ese Convenio;

ii) para los buques de pasajeros, el calado correspondiente a la línea de carga de compartimentado más elevada asignada de conformidad con el vigente Convenio Internacional para la Seguridad de la Vida Humana en la Mar u otro acuerdo internacional pertinente;

iii) para los buques no sujetos a las disposiciones del Convenio Internacional sobre Líneas de Carga, pero que tengan asignada una línea de carga conforme a los reglamentos nacionales, el calado correspondiente a la línea de carga de verano asignado de ese modo;

iv) para los buques que no tengan asignada una línea de carga pero cuyo calado está limitado en virtud de los reglamentos nacionales, el calado máximo permitido;

v) para los demás buques, el 75 % del puntal de trazado en el centro del buque.

Estanco a la intemperie. Estanco a la intemperie significa que el agua no penetrará en el buque cualquiera que sea el estado de la mar.

Cubierta superior. La cubierta superior es la cubierta completa más alta expuesta a la intemperie y a la mar, dotada de medios permanentes de cierres estancos de todas las aberturas en la parte expuesta de la misma, y bajo la cual todas las aberturas en los costados del buque estén dotadas de medios permanentes de cierre estanco. En un buque con una cubierta superior escalonada, se tomará como cubierta superior la línea más baja de la cubierta expuesta a la intemperie y su prolongación paralelamente a la parte más elevada de dicha cubierta.

Espacios cerrados. Son espacios cerrados todos los limitados por el casco del buque, por mamparos fijos o movibles y por cubiertas o techos que no sean toldos permanentes o movibles. Ninguna interrupción en una cubierta, ni abertura alguna en el casco del buque, en una cubierta o en el techo de un espacio, ni tampoco la ausencia de mamparos impedirán la consideración de un espacio como espacio cerrado.

Espacios excluidos. Los espacios a que se refieren los párrafos a) a e) de este subapartado se considerarán espacios excluidos y no se incluirán en el volumen de los espacios cerrados. Sin embargo, cuando alguno de estos espacios cumpla por lo menos con una de las siguientes tres condiciones será tratado como espacio cerrado:

- si el espacio está dotado de serretas u otros medios para estibar la carga o provisiones;

- si las aberturas están provistas de cualquier sistema de cierre;

- si la construcción permite alguna posibilidad de que tales aberturas puedan cerrarse.

En las figuras 4.10 a 4.20, ambas inclusive, que se citan a continuación, se tendrá en cuenta lo siguiente:

O   espacio excluido
C   espacio cerrado
I   espacio que debe considerarse cerrado
B   manga de la cubierta en el través de la abertura

Las áreas rayadas son las que deben incluirse en los espacios cerrados.

En los buques con trancaniles redondeados la manga se mide como se indica en la figura 4.10.

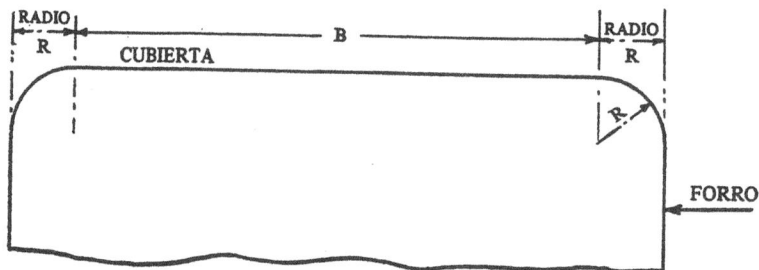

Fig. 4.10

a) i) Un espacio situado dentro de una construcción frente a una abertura de extremidad que se extienda de cubierta a cubierta, exceptuada una chapa de cenefa cuya altura no exceda de 25 milímetros, por debajo del bao contiguo, teniendo dicha abertura un ancho igual o mayor al 90 % de la manga de la cubierta por el través de la abertura. Esta disposición debe aplicarse de modo que sólo se excluya de los espacios cerrados el comprendido entre la abertura propiamente dicha y una línea trazada paralelamente al plano de la abertura, a una distancia de éste igual a la mitad de la manga de la cubierta por el través de la abertura, (Fig. 4.11).

a) ii) Si a resultas de cualquier disposición, excepto la convergencia del forro exterior, la anchura de ese espacio llega a ser inferior al 90 % de la manga de la cubierta, sólo se excluirá del volumen de espacios cerrados el espacio comprendido entre la línea de la abertura y una línea paralela que pase por el punto en que la anchura transversal del espacio se hace igual o inferior al 90 % de la manga de la cubierta (Figs. 4.12, 4.13 y 4.14).

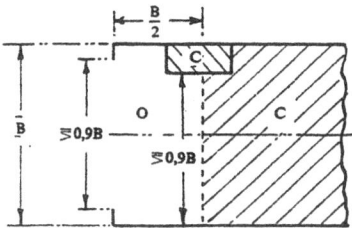 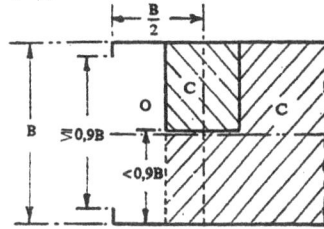

Figs. 4.11 y 4.12

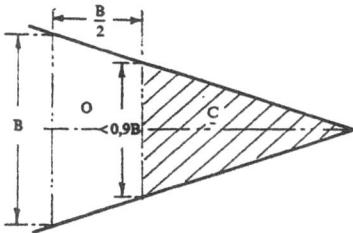 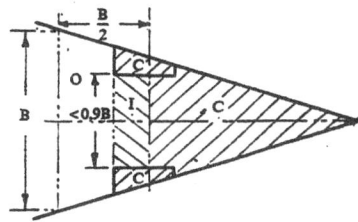

Figs. 4.13 y 4.14

a) iii) Cuando un intervalo completamente abierto, exceptuadas las amuradas y barandillas, separa dos espacios que puedan ser, ambos o uno de ellos, excluidos, en virtud de lo previsto en los apartados a) i) y/o ii), dicha exclusión no se aplicará si la separación entre los dos espacios es inferior a la mitad de manga mínima de la cubierta en la zona de la separación, (Figs. 4.15 y 4.16).

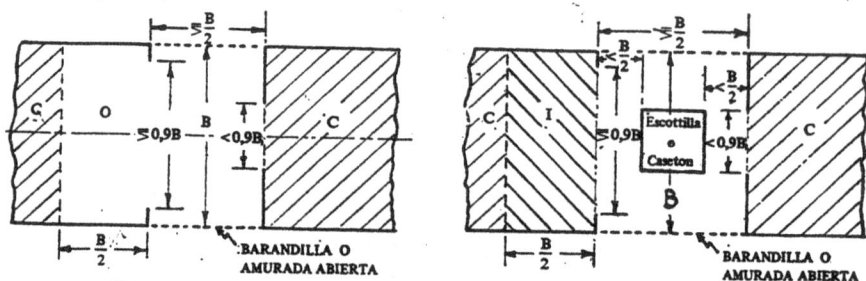

Figs. 4.15 y 4.16

b) Todo espacio situado bajo las cubiertas o techos, abierto a la mar o a la intemperie, cuya única conexión con los costados expuestos del cuerpo del buque sea la de los puntales necesarios para soportarlo. En ese espacio, pueden instalarse barandillas o una amurada y una chapa de cenefa, y también puntales sobre el costado del buque, siempre que la distancia entre la parte superior de las barandillas o de la amurada y la cenefa no sea inferior a 0.75 metros o un tercio de la altura del espacio, tomándose de estos dos valores el que sea mayor, (Fig. 4.17).

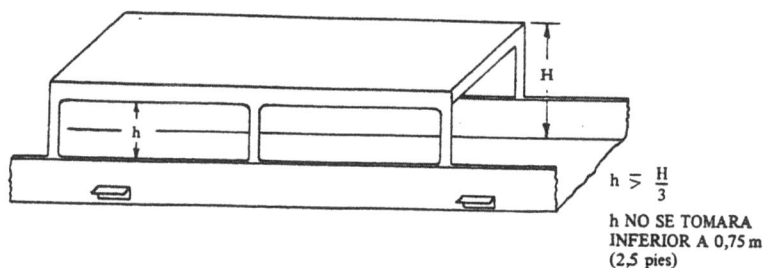

$$h \geqslant \frac{H}{3}$$

h NO SE TOMARA
INFERIOR A 0,75 m
(2,5 pies)

Fig. 4.17

c) Todo espacio que, en una construcción de banda a banda, se encuentre directamente en frente de aberturas laterales de altura no inferior a 0.75 metros o un tercio de la altura de la construcción, tomándose de estos dos valores el que sea mayor. Si esa construcción sólo tiene abertura a un costado, el espacio que debe excluirse del volumen de espacios cerrados queda limitado hacia el interior, a partir de la abertura, a un máximo de la mitad de la manga de la cubierta en la zona de la abertura, (Fig. 4.18).

d) Todo espacio en una construcción situada inmediatamente debajo de una abertura descubierta en su techo, siempre que esa abertura esté expuesta a la intemperie y el espacio excluido de los espacios cerrados esté limitado por el área de la abertura, (Fig. 4.19).

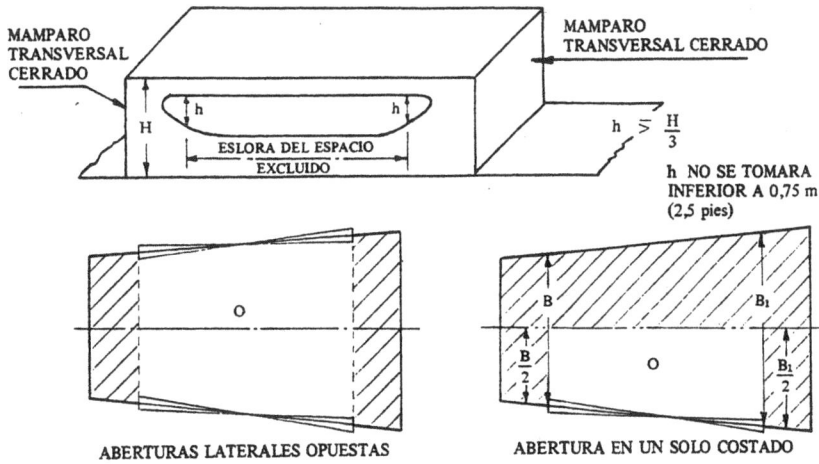

Fig. 4.18

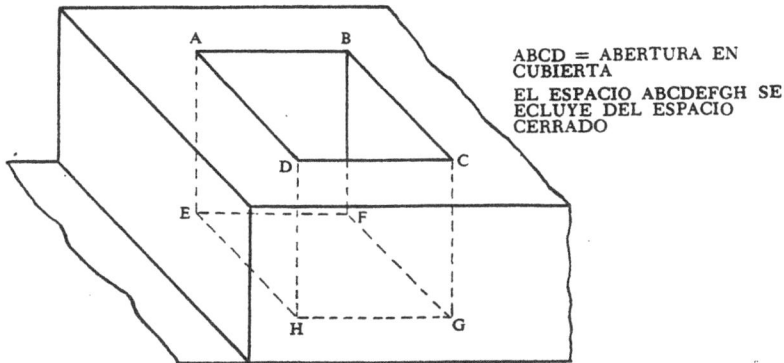

Fig. 4.19

e) Todo nicho en el mamparo de limitación de una construcción que esté expuesto a la intemperie y cuya abertura se extienda de cubierta a cubierta sin ningún dispositivo de cierre, a condición de que su ancho interior no sea mayor que la anchura en la entrada y su profundidad dentro de la construcción no sea superior al doble de la anchura en la entrada, (Fig. 4.20).

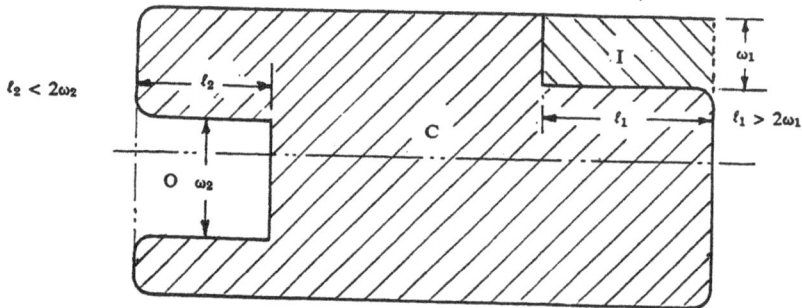

Fig. 4.20

Pasajero. Por pasajero se entiende toda persona que no sea:

i) el capitán y los miembros de la tripulación u otras personas empleadas o contratadas para cualquier labor de a bordo necesaria para el buque, y

ii) un niño menor de un año.

Espacios de carga. Los espacios de carga que deben incluirse en el cálculo del arqueo neto son los espacios cerrados adecuados para el transporte de carga que ha de descargarse del buque, a condición de que esos espacios hayan sido incluidos en el cálculo del arqueo bruto. Estos espacios de carga serán certificados mediante marcas permanentes.

4.4.2 Arqueo bruto

El arqueo bruto de un buque (GT) se calcula aplicando la siguiente fórmula:

$$GT = K_1 V$$

En la cual:

V   volumen total de todos los espacios cerrados del buque, expresado en m^3

$$K_1 = 0.2 + 0.02 \log_{10} V$$

4.4.3 Arqueo neto

1) El arqueo neto (NT) de un buque se calcula aplicando la siguiente fórmula:

$$NT = K_2 V_c \left(\frac{4d}{3D} \right)^2 + K_3 \left(N_1 + \frac{N_2}{10} \right)$$

En la cual:

i) el factor $\left(\dfrac{4d}{3D} \right)^2$ no se tomará superior a 1;

ii) el término $K_2 V_c \left(\dfrac{4d}{3D} \right)^2$ no se tomará inferior a 0.25 GT; y

iii) NT no se tomará inferior a 0.30 GT.

Siendo:

V_c volumen total de los espacios de carga en m^3

$K_2 = 0.2 + 0.02 \log_{10} V_c$

$K_3 = 1.25 \dfrac{GT + 10.000}{10.000}$

D   puntal de trazado en el centro del buque expresado en metros

d   calado de trazado en el centro del buque expresado en metros

N_1 número de pasajeros en camarotes que no tengan más de 8 literas

N_2 número de los demás pasajeros

$N_1 + N_2$ número total de pasajeros que el buque está autorizado a llevar según el certificado de pasajeros del buque; cuando $N_1 + N_2$ sea inferior a 13 las magnitudes N_1 y N_2 se considerarán iguales a cero

GT   arqueo bruto del buque

4.4.4 Cálculo de volúmenes

1) Todos los volúmenes incluidos en el cálculo de los arqueos bruto y neto deben medirse, cualesquiera que sean las instalaciones de aislamiento o de otra índole, hasta la cara interior del forro o de las chapas estructurales de limitación en los buques construidos de metal y hasta la superficie exterior del forro o la cara interior de las superficies estructurales de limitación en los buques construidos de cualquier otro material.

2) Los volúmenes de apéndices deben incluirse en el volumen total.

3) Los volúmenes de espacios abiertos a la mar pueden excluirse del volumen total.

4.4.5 Medición y cálculo

1) Todas las medidas usadas en el cálculo de volúmenes deben redondearse al centímetro más próximo.

2) Los volúmenes deben calcularse con arreglos a métodos generalmente reconocidos para el espacio pertinente y con una precisión que la Administración estime aceptable.

3) El cálculo debe ser lo bastante detallado para que sea fácil su comprobación.

5 Líneas de carga

5.1 Antecedentes del francobordo

La necesidad de establecer principios y reglas para limitar el calado de los buques ha sido, históricamente, tema de discusión. En Gran Bretaña, a principios del siglo XIX, los aseguradores establecieron una regla muy simple, por la cual el francobordo debería tener de 2 a 3 pulgadas por cada pie de puntal de bodega. Hacia el año 1.835 la Lloyd´s Register, para limitar el calado de los buques, fijó tres pulgadas de francobordo por cada pie de puntal de bodega. En 1.875 Samuel Plimsoll, miembro del parlamento, promovió la legislación de una marca en los costados del buque, para indicar el calado hasta el cual podía cargar. Esta marca es conocida como Disco Plimsoll, aunque su denominación oficial es la de marca de francobordo.

Posteriormente la IMO estableció los Convenios Internacionales sobre Líneas de Carga de 1.930 y de 1.966.

5.2 Funciones del francobordo

Hay tres razones fundamentales para tener un volumen mínimo del casco del buque fuera del agua:

1. Como reserva de flotabilidad, para que cuando el buque navegue entre olas el agua embarcada sea la mínima.

2. En caso de inundación del buque, también la reserva de flotabilidad evitará su hundimiento, o por lo menos lo retrasará el máximo tiempo posible.

3. El francobordo influye en la estabilidad transversal, ya que al aumentar el francobordo, el ángulo para el cual se anula la estabilidad, también aumenta.

El primer y tercer puntos serán objeto de estudio a lo largo de este libro, mientras que la inundación no será tratada, ya que no figura entre los objetivos que se pretenden.

5.3 Condiciones de estabilidad y de resistencia estructural

Las reglas suponen que la naturaleza de la carga, lastre, etc., son adecuados para asegurar una estabilidad suficiente del buque y evitar esfuerzos estructurales excesivos, y que se han cumplido las prescripciones internacionales respecto a la estabilidad y subdivisión, caso de que existan.

La resistencia estructural del buque deberá ser suficiente para el calado correspondiente al francobordo.

5.4 Definiciones

Eslora (L). Se tomará como eslora el 96 % de la eslora total en una línea de flotación situada a una distancia de la quilla igual al 85 % del puntal mínimo de trazado, medida desde el canto alto de dicha quilla, o la eslora desde la cara de proa de la roda hasta el eje de la mecha del timón en dicha flotación, si ésta fuera mayor. En los barcos proyectados con asiento de quilla, la flotación en la que se mide esta eslora deberá ser paralela a la flotación de proyecto en carga.

Perpendiculares. Las perpendiculares de proa y de popa deberán tomarse en los extremos de proa y de popa de la eslora (L). La perpendicular de proa deberá coincidir con la cara de proa de la roda en la flotación en que se mide la eslora.

Centro del buque. El centro del buque será el punto medio de la eslora (L).

Manga (B). A menos que se indique expresamente otra cosa, la manga será la manga máxima del buque, medida en el centro del mismo hasta la línea de trazado de la cuaderna, en los buques de forro metálico, o hasta la superficie exterior del casco, en los buques con forro de otros materiales.

Puntal de trazado

a) El puntal de trazado será la distancia vertical medida desde el canto alto de la quilla hasta el canto alto del bao de la cubierta de francobordo en el costado. En los barcos de madera y de construcción mixta esta distancia se medirá desde el canto inferior del alefriz. Cuando la forma de la parte inferior de la cuaderna maestra es cóncava o cuando existen tracas de aparadura de gran espesor, esta distancia se medirá desde el punto en que la línea del plano del fondo, prolongada hacia el interior, corte el costado de la quilla.

b) En los buques que tengan trancaniles redondeados, el puntal de trazado se medirá hasta el punto de intersección de la línea de trazado de la cubierta con la de las planchas del costado, prolongando las líneas como si el trancanil fuera de forma angular.

c) Cuando la cubierta de francobordo tenga un escalonamiento y la parte elevada de la cubierta pase por encima del punto en el que ha de determinarse el puntal de trazado, éste se medirá hasta una superficie de referencia formada prolongando la parte más baja de la cubierta paralelamente a la parte más elevada.

Puntal de francobordo (D). El puntal de francobordo será el puntal de trazado en el centro del buque más el espesor de la plancha de trancanil de la cubierta de francobordo, cuando exista, más $e(L-S)/L$, si la cubierta de francobordo a la intemperie estuviera forrada, siendo:

e   espesor medio del forro a la intemperie

L   eslora

S   longitud total de las superestructuras, (la longitud de cada superestructura será la longitud media de la parte de superestructura situada dentro de la eslora, L).

Coeficiente de bloque (Kb). Vendrá dado por la fórmula:

$$Kb = \frac{\nabla}{L\ B\ d_1}$$

∇ volumen de trazado del buque, excluidos los apéndices, en un buque con forro metálico, y el volumen de la superficie exterior del casco en los buques con forro de cualquier otro material, ambos tomados a un calado de trazado de d_1

d_1 85% del puntal mínimo de trazado

Cubierta de francobordo. La cubierta de francobordo será normalmente la cubierta completa más alta expuesta a la intemperie y a la mar, dotada de medios permanentes de cierre en todas las aberturas en la parte expuesta de la misma, y bajo la cual todas las aberturas en los costados del buque estén dotadas de medios permanentes de cierre estanco.

Superestructura

a) Una superestructura será una construcción cubierta dispuesta encima de la cubierta de francobordo, que se extienda de banda a banda del buque o cuyo forro lateral no esté separado del forro del costado más de un 4% de la manga (B). Un saltillo se considerará como superestructura.

b) Una superestructura cerrada será aquella:

   i) que posea mamparos de cierre de construcción eficiente.

   ii) cuyas aberturas de acceso, si existen en estos mamparos, estarán provistas de puertas que sean estancas a la intemperie.

   iii) en la que todas las demás aberturas, en los costados o en los extremos de la superestructura, estarán dotadas de medios eficientes de cierre, estancos a la intemperie.

c) La altura de una superestructura será la altura mínima vertical medida en el costado desde el canto alto de los baos de la cubierta de la superestructura hasta el canto alto de los baos de la cubierta de francobordo.

d) la longitud de una superestructura (S) será la longitud media de la parte de superestructura situada dentro de la eslora (L).

Buque de cubierta corrida. Un buque de cubierta corrida será el que no tiene superestructuras sobre la cubierta de francobordo.

Estanco a la intemperie. Estanco a la intemperie significa que el agua no penetrará en el buque sea cual sea el estado de la mar.

5.5 Línea de cubierta

La línea de cubierta será una línea horizontal de 300 milímetros (12 pulgadas) de longitud y 25 milímetros (1 pulgada) de ancho. Estará marcada en el centro del buque, a cada costado, y su borde superior pasará, normalmente, por el punto en que la prolongación hacia el exterior de la cara superior de la cubierta de francobordo corte a la superficie exterior del forro, como se indica en la figura 5.1.

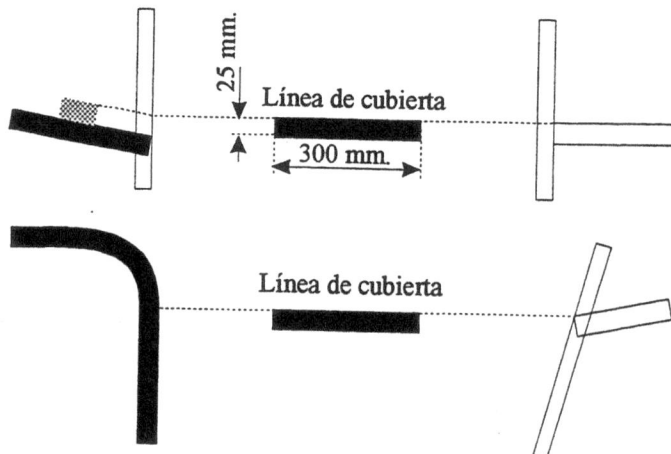

Fig. 5.1 Línea de cubierta

5.6 Francobordo

El francobordo asignado será la distancia medida verticalmente hacia abajo, en el centro del buque, desde el canto alto de la línea de cubierta, definida de acuerdo con el Convenio Internacional sobre Líneas de Carga, hasta el canto alto de la línea de carga correspondiente, (Fig. 5.2).

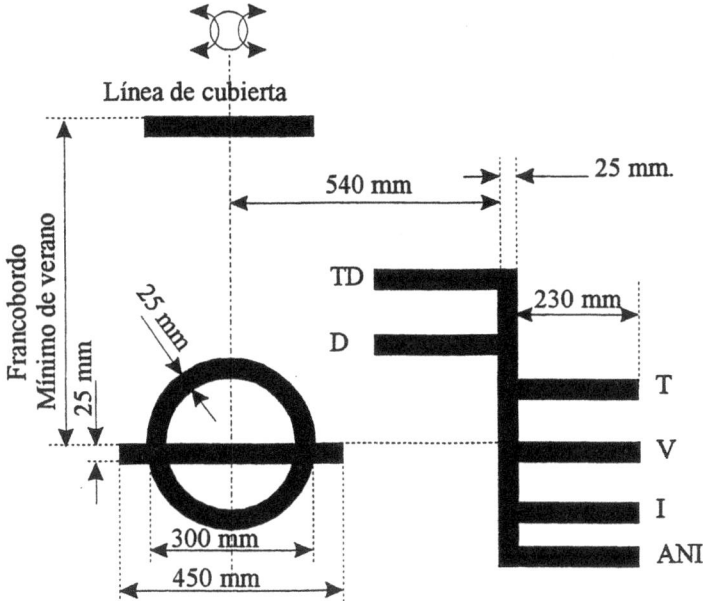

Fig.5.2 Marca y líneas de francobordo

5.7 Marca de francobordo

La marca de francobordo estará formada por un anillo de 300 milímetros (12 pulgadas) de diámetro exterior y 25 milímetros (1 pulgada) de ancho, cortado por una línea horizontal de 450 milímetros (18 pulgadas) de longitud y 25 milímetros (1 pulgada) de anchura, cuyo borde superior pasa por el centro del anillo. El centro del anillo deberá colocarse en el centro del buque y a una distancia igual al francobordo mínimo de verano asignado, medida verticalmente por debajo del borde superior de la línea de cubierta, (Fig. 5.2).

5.8 Cálculo del francobordo mínimo de verano

Para el cálculo del francobordo mínimo de verano, los buques se dividen en tipo "A" y tipo "B".

5.8.1 Buque tipo "A"

Un buque de tipo "A" es aquel proyectado para transportar solamente cargas líquidas a granel, y en el cual los tanques de carga tienen sólo pequeñas aberturas de acceso cerradas por tapas de acero u otro material equivalente, estancas y dotadas de frisas. Estos buques necesariamente tendrán las siguientes características propias:

a) una gran integridad de la cubierta expuesta, y

b) gran seguridad contra la inundación, por la pequeña permeabilidad de los espacios llenos de carga y por el grado de compartimentación utilizado habitualmente.

A estos buques se les asignarán francobordos no inferiores a los obtenidos en la tabla de francobordo para buques de tipo "A", tabla que figura en el Reglamento del Convenio Internacional sobre Líneas de Carga.

5.8.2 Buque tipo "B"

Buques de tipo "B" son todos aquellos que no cumplan con las condiciones indicadas para los buques de tipo "A". El francobordo mínimo en milímetros se determina de acuerdo con las tablas correspondientes del Reglamento, entrando con la eslora en metros.

5.8.3 Correcciones al francobordo tabular

Dependiendo de la construcción del buque existen una serie de correcciones a aplicar a los francobordos tabulares, las cuales se relacionan a continuación:

1. Corrección al francobordo para buques de eslora inferior a 100 metros
2. Corrección por coeficiente de bloque
3. Corrección por puntal
4. Corrección por posición de la línea de cubierta
5. Reducción por superestructuras y troncos
6. Arrufo
7. Altura mínima de proa

5.9 Francobordos mínimos

Francobordo de verano. El francobordo mínimo de verano será el francobordo obtenido de las tablas, más las modificaciones y correcciones, según el Reglamento del Convenio Internacional sobre Líneas de Carga.

Francobordo tropical. El francobordo mínimo en la zona tropical será el francobordo obtenido restando del de verano un cuarenta y ochoavo del calado de verano, medido desde el canto alto de la quilla al centro del disco de la marca de francobordo.

Francobordo de invierno. El francobordo mínimo de invierno será el francobordo obtenido añadiendo al francobordo de verano un cuarenta y ochoavo del calado de verano, medido desde el canto alto de la quilla hasta el centro del anillo de la marca de francobordo.

Francobordo para el Atlántico Norte, invierno. El francobordo mínimo para buques de eslora no superior a 100 metros que naveguen por cualquier parte del Atlántico Norte, definido de acuerdo con el Reglamento del Convenio Internacional sobre Líneas de Carga, durante el período estacional de invierno, será el francobordo de invierno más 50 mm (2 pulgadas). Para los demás buques el francobordo para el Atlántico Norte, invierno, será el francobordo de invierno.

Francobordo de agua dulce. El francobordo mínimo en agua dulce de densidad igual a la unidad se obtendrá restando del francobordo mínimo en agua salada:

$$\frac{\Delta_V}{40\ Tc_V}$$

Δ_V desplazamiento en agua salada, en toneladas, en la flotación en carga de verano

Tc_V toneladas por centímetro de inmersión en agua salada, en la flotación en carga de verano

Cuando el desplazamiento en la flotación en carga de verano no pueda determinarse con seguridad, la deducción será un cuarenta y ochoavo del calado de verano medido desde el canto alto de la quilla hasta el centro del anillo de la marca de francobordo.

5.10 Líneas de máxima carga

De acuerdo con las definiciones de francobordos mínimos, se obtienen las siguientes líneas de máxima carga, (Fig. 5.3):

Calado de verano

$$C_V$$

Calado tropical

$$C_T = C_V + \frac{C_V}{48}$$

Línea de cubierta

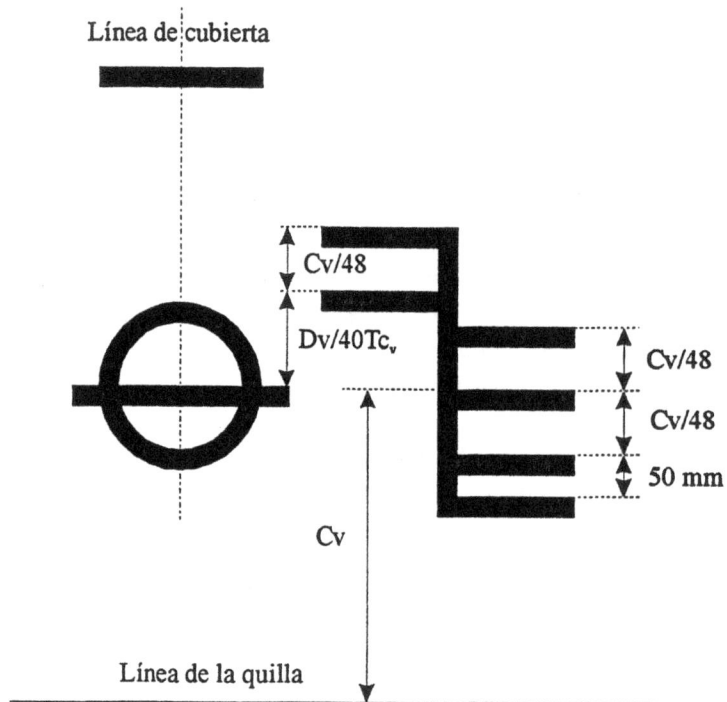

$$Cv/48$$

$$Dv/40Tc_v$$

$$Cv/48$$

$$Cv/48$$

$$50 \text{ mm}$$

$$Cv$$

Línea de la quilla

Fig. 5.3 Líneas de máxima carga

Calado de invierno

$$C_I = C_V - \frac{C_V}{48}$$

Calado para el Atlántico Norte, invierno

$$C_{ANI} = C_I - 50 \ mm.$$

aplicable sólo a buques de eslora no superior a 100 metros.

Para buques de eslora igual o mayor a 100 metros:

$$C_{ANI} = C_I$$

Calado de agua dulce

$$C_D = C_V + \frac{D_V}{40\ Tc_V}$$

$$p = \frac{D_V}{40\ Tc_V}$$

D_V desplazamiento para el calado de verano
Tc_V toneladas por centímetro correspondientes al calado de verano
p   permiso de agua dulce

Calado agua dulce, tropical

$$C_{DT} = C_D + \frac{C_V}{48}$$

5.11 Líneas que se usarán con la marca de francobordo

Las líneas de carga que indican los francobordos serán trazos horizontales de 230 milímetros (9 pulgadas) de longitud y 25 milímetros (1 pulgada) de anchura, que se extenderán hacia proa, a menos que expresamente se disponga de otro modo, y formando ángulo recto con una línea vertical de 25 milímetros (1 pulgada) de anchura marcada a una distancia de 540 milímetros (21 pulgadas) a proa del centro del anillo, como se indica en la figura 5.2.

Se usarán las siguientes líneas de carga:

a) La línea de carga de verano, indicada por el borde superior de la línea que pasa por el centro del anillo y también por el borde superior de una línea marcada V.

b) La línea de carga de invierno, indicada por el borde superior de una línea marcada I.

c) La línea de carga de invierno en el Atlántico Norte, indicada en el borde superior de una línea marcada ANI.

d) La línea de carga tropical, indicada por el borde superior de una línea marcada T.

e) La línea de carga de verano en agua dulce, indicada por el borde superior de una línea marcada D. La línea de carga de verano en agua dulce se marcará hacia popa de la línea vertical. La diferencia entre la línea de carga de verano en agua dulce y la línea de carga de verano representará la concesión que corresponde, para cargar en agua dulce, sobre las otras líneas de carga.

f) La línea de carga en agua dulce tropical vendrá indicada por el borde superior de una línea marcada TD y dispuesta a popa de la línea vertical.

5.12 Prescripciones especiales para buques a los que se asigne un francobordo para el transporte de madera en cubierta

5.12.1 Definiciones

Cubertada de madera. El término "cubertada de madera" significa una carga de madera transportada sobre una parte sin cubrir de una cubierta de francobordo o de superestructura. Este término no incluye la pulpa de madera o cargas análogas.

Línea de carga para el transporte de madera en cubierta. Puede considerarse que una cubertada de madera proporciona al buque flotabilidad adicional y una mayor protección contra la mar. Por esta razón, a los buques que lleven carga de madera en cubierta se les podrá conceder una reducción en el francobordo, que se calculará de acuerdo con lo previsto en el reglamento del Convenio Internacional sobre Líneas de Carga, y se marcará en los costados del buque. Sin embargo, con objeto de que este francobordo especial pueda concederse y usarse, tanto la cubertada de madera como el propio buque deberán cumplir ciertas condiciones que se especifican en el reglamento.

Estabilidad. Se deberá prever un margen seguro de estabilidad en todos los momentos del viaje, teniendo en cuenta tanto los posibles aumentos de peso por absorción de agua y formación de hielo, como las disminuciones por consumo de combustible y provisiones.

5.12.2 Francobordos mínimos

Francobordo de verano. El francobordo mínimo de verano para el transporte de madera en cubierta se calculará a partir del francobordo de verano correspondiente al disco, aplicándole un porcentaje de deducción por longitud efectiva total de las superestructuras.

Francobordo tropical. El francobordo tropical para transporte de madera se obtendrá restando del francobordo de verano para transporte de madera un cuarenta y ochoavo del calado de trazado de verano correspondiente.

Francobordo de invierno. El francobordo de invierno para el transporte de madera en cubierta, se obtendrá añadiendo al francobordo de verano para transporte de madera un treinta y seisavo del calado de trazado de verano para madera.

Francobordo para el Atlántico Norte, invierno. El francobordo de invierno en el Atlántico Norte para transporte de madera será el mismo francobordo de invierno en el Atlántico Norte.

Francobordo de agua dulce. El francobordo de agua dulce para transporte de madera se calculará deduciendo el permiso de agua dulce calculado a partir del francobordo de verano para transporte de madera. Cuando el desplazamiento en la flotación en carga de verano para transporte de madera no pueda medirse con seguridad, la deducción será un cuarenta y ochoavo del calado de verano para el transporte de madera, medido desde el canto superior de la quilla hasta la línea de carga de verano para el transporte de madera en cubierta.

5.12.3 Líneas de máxima carga

Calado de verano

$$C_{MV}$$

Calado tropical

$$C_{MT} = C_{MV} + \frac{C_{MV}}{48}$$

Calado de invierno

$$C_{MI} = C_{MV} - \frac{C_{MV}}{36}$$

Calado Atlántico Norte, invierno

$$C_{MANI} = C_{ANI}$$

Calado de agua dulce

$$C_{MD} = C_{MV} + \frac{D_{MV}}{40 \ Tc_{MV}}$$

$$p_M = \frac{D_{MV}}{40 \ Tc_{MV}}$$

D_{MV} desplazamiento del calado de verano para el transporte de madera en cubierta
Tc_{MV} toneladas por centímetro del calado de verano para el transporte de madera en cubierta
p_M permiso de agua dulce del calado de verano para el transporte de madera en cubierta

Calado de agua dulce, tropical

$$C_{MDT} = C_{MD} + \frac{C_{MV}}{48}$$

5.12.4 Líneas que se usarán con la marca de francobordo para el transporte de madera en cubierta

Si se asignan francobordos para el transporte de madera en cubierta, además de las líneas de carga ordinarias, se marcarán las líneas de carga para madera sobre cubierta. Estas líneas serán trazos horizontales de 230 milímetros (9 pulgadas) de longitud y 25 milímetros (1 pulgada) de anchura, dispuestas hacia popa, a menos que se disponga expresamente otra cosa, y formando ángulo recto con una línea vertical de 25 milímetros (1 pulgada) de anchura, situada a una distancia de 540 milímetros (21 pulgadas) a popa del centro del anillo.

Se usarán las siguientes líneas de carga para madera, (Fig. 5.4):

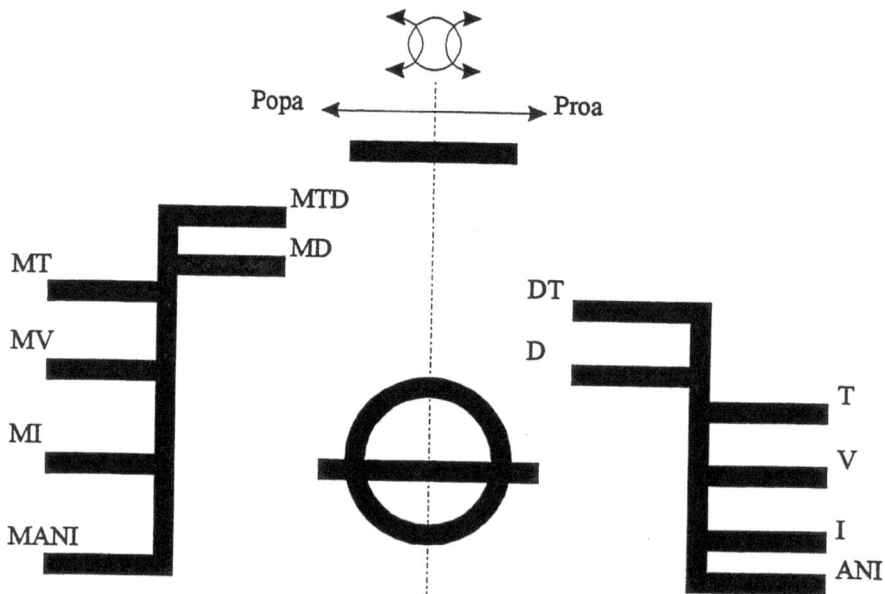

Fig. 5.4 Líneas de máxima carga para el transporte de madera en cubierta

a) La línea de carga de verano, para el transporte de madera en cubierta, indicada por el borde superior de una línea marcada MV.

b) La línea de carga de invierno, para el transporte de madera en cubierta, indicada por el borde superior de una línea marcada MI.

c) La línea de carga de invierno en el Atlántico Norte, para el transporte de madera en cubierta, indicada por el borde superior de una línea marcada MANI.

d) La línea de carga tropical para el transporte de madera en cubierta, indicada por el borde superior de una línea marcada MT.

e) La línea de carga de verano en agua dulce para el transporte de madera en cubierta, indicada por el borde superior de una línea marcada MD, y dispuesta hacia proa de la línea vertical.

La diferencia entre la línea de carga de verano en agua dulce, para el transporte de madera en cubierta y la línea de carga de verano para madera representará la concesión que corresponde, para cargar en agua dulce, sobre las otras líneas de carga para madera.

f) La línea de carga en agua dulce, para el transporte de madera en cubierta, en la zona tropical, indicada por el borde superior de una línea marcada MTD, y dispuesta hacia proa de la línea vertical.

5.13 Líneas de carga de un buque de vela

En los barcos de vela sólo será necesario marcar las líneas de carga de agua dulce y de Atlántico Norte, invierno, como se indica en la figura 5.5. Las líneas de máxima carga serán las siguientes:

$$C_V = C_T = C_I$$

$$C_D = C_V + \frac{D_V}{40\ Tc_V}$$

$$C_{ANI} = C_V - 50\ mm.$$

5.14 Zonas, regiones y períodos estacionales

El reglamento incluye un mapa de zonas permanentes y periódicas en el que se indica el calado máximo permitido en las zonas y regiones marítimas, así como los períodos estacionales, en su caso.

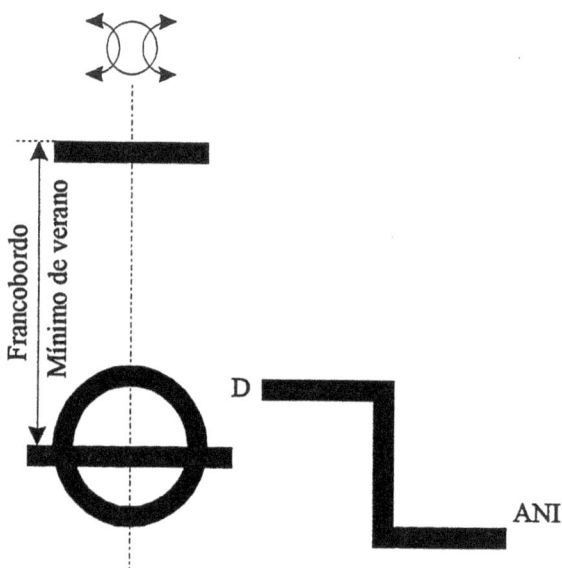

Fig. 5.5 Líneas de carga de un buque de vela

Los criterios generales en los que están basadas las zonas y regiones definidas son:

a) Verano. 10% como máximo de vientos de fuerza 8 Beaufort (34 nudos) o mayor.

b) Tropical. 1% como máximo de vientos de fuerza 8 Beaufort (34 nudos) o mayor. No más de una tormenta tropical cada 10 años, en una superficie de 5˚ en cuadro en uno cualquiera de los meses del año por separado.

Sin embargo, en algunas regiones especiales y por razones prácticas, se ha considerado conveniente adoptar cierta flexibilidad en la aplicación de este criterio.

Un puerto situado en el límite de dos zonas o regiones adyacentes se considerará como situado dentro de la zona o región de donde procede o hacia la que se dirige el buque.

5.15 Calados máximos permitidos

1. Salvo en los casos previstos en los párrafos 2 y 3 siguientes, las líneas de carga apropiadas, marcadas, sobre el costado del buque y correspondientes a la estación del año, zona y región en la que pueda encontrarse el buque, no deben quedar sumergidas en ningún momento, ni al salir el buque a la mar, ni durante el viaje ni a la llegada.

2. Cuando un buque navegue por agua dulce de densidad igual a la unidad, la línea de carga apropiada puede sumergirse a una profundidad correspondiente a la corrección para agua dulce indicada en el Certificado Internacional de Francobordo de 1.966. Cuando la densidad del agua no sea igual a la unidad, la corrección será proporcional a la diferencia entre 1.025 y la densidad real.

3. Cuando un buque salga de un puerto situado en río o en aguas interiores, se le permite aumentar su carga en una cantidad que corresponda a los pesos de combustible y de todos los otros materiales que haya de consumir entre el puerto de partida y la mar.

6 Calados

6.1 Propiedades del centro de flotación

Las dos grandes propiedades del centro de flotación relacionadas con el calado son la inmersión y la alteración.

1. Inmersión paralela. Al cargar un peso pequeño en la vertical del centro de flotación, el buque aumentará su calado por igual a lo largo de toda la eslora. Por tanto, la nueva línea de flotación será paralela a la anterior.

Cuando se cargue un peso se producirá una inmersión, I, y cuando se descargue un peso se producirá una emersión, E. Usualmente la inmersión y emersión se indicarán con la letra I, siendo su valor positivo o negativo según que la operación realizada sea carga o descarga, respectivamente.

2. Alteración. Al cabecear o inclinarse longitudinalmente el buque, debido a un traslado, o a una carga o descarga de un peso pequeño, lo hará tomando como eje de giro un eje transversal, perpendicular al plano diametral, que pasa por el centro de flotación. El efecto de esta inclinación longitudinal es una alteración de los calados.

6.2 Corrección por asiento, C_A

Sea en la figura 6.1, FL, una flotación inicial para el buque en aguas iguales, lo que significa asiento cero y Cpp=Cpr=Cm. El buque cabecea, girando sobre el centro de flotación, F, siendo su nueva flotación F'L', que forma con la anterior un ángulo de inclinación longitudinal Ψ, supuesto de valor pequeño.

Debido a que ⊠F suele tener un valor distinto de cero, la semisuma de los calados de popa y de proa, que da el calado en la perpendicular media, no coincide con el calado medio medido en la vertical de F.

$$Cpm = \frac{Cpp + Cpr}{2} \qquad (6.1)$$

No hay duda de que si el buque no ha efectuado ninguna carga ni descarga, sino simplemente una inclinación longitudinal, debida, por ejemplo, a un traslado longitudinal de un peso pequeño, el calado medio del buque seguirá siendo el mismo, y así es, en efecto, dado que F, centro de flotación, no se ha movido.

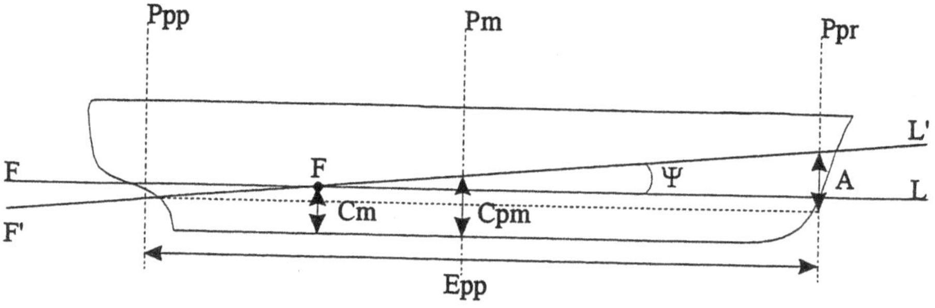

Fig. 6.1 Corrección por asiento

En este caso concreto el Cm es inferior al Cpm obtenido por semisuma de los calados de las cabezas, siendo la diferencia una corrección que depende de la posición longitudinal de F, ⊠F, y del ángulo Ψ. La tangente de este ángulo es la relación entre el asiento, igual al calado de popa menos el calado de proa, con su signo, y la eslora entre perpendiculares.

En la figura 6.2 se representa el triángulo que tiene por vértices el centro de flotación, F, y las intersecciones de las flotaciones con la perpendicular media. Los datos que interesan de este triángulo son el ángulo en F, Ψ, y los lados ⊠F y el denominado C_A, que será la corrección por asiento a aplicar al Cpm para obtener el Cm.

El valor de la corrección por asiento se obtendrá de la siguiente forma:

$$tg \ \Psi = \frac{A}{E}$$

Ψ   ángulo de inclinación longitudinal

A   asiento

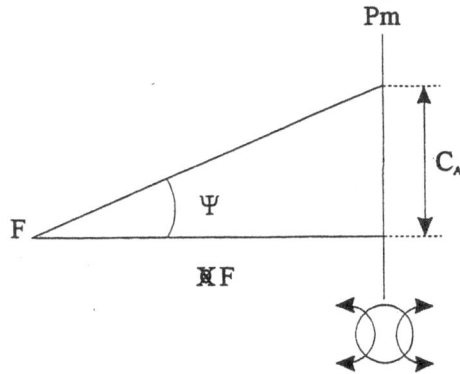

Fig. 6.2 Cálculo de la corrección por asiento

$$A = Cpp - Cpr$$

$$A > 0 \qquad Cpp > Cpr$$
$$A < 0 \qquad Cpp < Cpr$$
$$A = 0 \qquad Cpp = Cpr$$

E   eslora entre perpendiculares

$$tg\ \Psi = \frac{C_A}{\otimes F}$$

C_A corrección por asiento
$\otimes F$ posición longitudinal de F con respecto a la cuaderna maestra,
         positivo, cuando F esté a popa de la cuaderna maestra,
         negativo, cuando F esté a proa de la cuaderna maestra.

Igualando, se obtiene

$$\frac{C_A}{\otimes F} = \frac{A}{E}$$

$$C_A = \frac{A}{E} \cdot \otimes F \qquad\qquad (6.2)$$

A y ⊠F del mismo signo, C_A positivo
A y ⊠F de diferente signo, C_A negativo

Los valores de E y ⊠F se dan en metros, y el valor del asiento en metros o en centímetros; en el primer caso el valor de C_A se obtendrá en metros y en el segundo en centímetros. El signo de la corrección vendrá determinado por el producto de los signos de A y de ⊠F.

Aplicando la corrección con su signo al Cpm se obtendrá el Cm.

$$Cm = Cpm + C_A \tag{6.3}$$

Para hallar el valor de ⊠F se entra en las curvas hidrostáticas con el Cpm. El dato obtenido será suficientemente válido para el propósito de calcular la corrección por asiento, ya que la variación que pueda experimentar ⊠F, entre Cpm y Cm, será prácticamente inapreciable.

Una vez obtenido el Cm, entrando en las curvas hidrostáticas con este valor se hallarán los demás datos que puedan ser de interés, tales como el desplazamiento o el volumen sumergido del buque.

6.3 Cálculo de los asientos de popa y de proa

A partir de una flotación FL en aguas iguales, (Fig. 6.3), produciendo en el buque una inclinación longitudinal Ψ, éste quedará en la flotación F'L' con asiento.

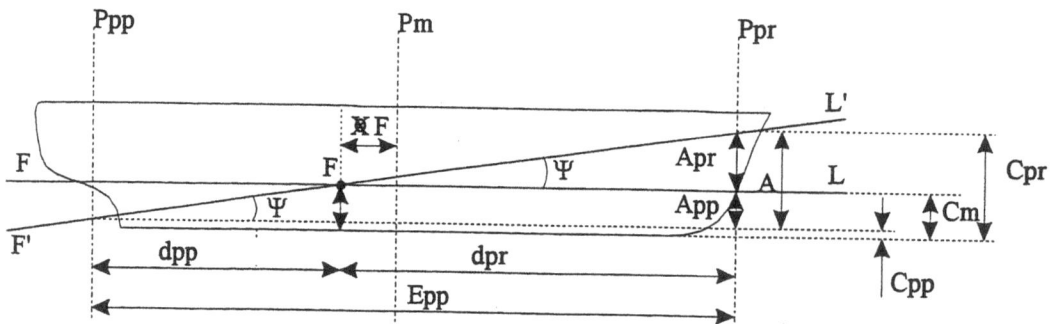

Fig. 6.3 Cálculo de los asientos de popa y de proa

La diferencia entre el Cpp y el Cm será el asiento de popa, App, y la diferencia entre el Cpr y el Cm, el asiento de proa, Apr.

$$App = Cpp - Cm \qquad (6.4)$$

$$Apr = Cpr - Cm \qquad (6.5)$$

Cpp > Cm	App , positivo
Cpp < Cm	App , negativo
Cpr > Cm	Apr , positivo
Cpr < Cm	Apr , negativo

App   Asiento de popa

Apr   Asiento de proa

La suma de los valores absolutos del App y el Apr dará el asiento total del buque.

La deducción de los valores del App y Apr a partir del asiento total se realiza de la siguiente manera: Trabajando sobre el triángulo de la figura 6.3, con vértices en F y las intersecciones de las flotaciones FL y F'L' con la perpendicular de popa, siendo datos conocidos E, $\boxtimes$F, y A, se tiene,

$$tg\,\Psi = \frac{A}{E}$$

$$tg\,\Psi = \frac{App}{dpp}$$

$$\frac{App}{dpp} = \frac{A}{E}$$

$$App = \frac{A}{E} \cdot dpp \qquad (6.6)$$

$$dpp = \frac{E}{2} - \otimes F \qquad (6.7)$$

dpp   distancia desde F a la Ppp, obtenida restando a E/2 el valor de $\boxtimes$F, con sus signos, teniendo en cuenta que E/2 será una distancia medida desde F hacia popa, por tanto, positiva, y consecuentemente dpp será positiva.

En el triángulo con vértices en F y en las intersecciones de las flotaciones FL y F'L' con la perpendicular de proa, conocidos E, ⊠F, y A, será,

$$tg\Psi = \frac{A}{E}$$

$$tg\Psi = \frac{Apr}{dpr}$$

$$\frac{Apr}{dpr} = \frac{A}{E}$$

$$Apr = \frac{A}{E} \cdot dpr \qquad (6.8)$$

$$dpr = \frac{E}{2} - \otimes F \qquad (6.9)$$

dpr   distancia desde F a la Ppr, obtenida restando a E/2 el valor de ⊠F, con sus signos, teniendo en cuenta que E/2 será una distancia medida desde F hacia proa, por tanto, negativa, y consecuentemente dpr será negativa.

Los valores de la E y de las distancias a popa y a proa se darán en metros, y el A en metros o centímetros; en el primer caso los App y Apr se obtendrán en metros y en el segundo en centímetros.

Para hallar los calados de popa y de proa, a partir de un calado medio y reparto de asientos, simplemente será la suma algebraica de,

$$Cpp = Cm + App \qquad (6.10)$$

$$Cpr = Cm + Apr \qquad (6.11)$$

Aparte de aplicar los signos correctamente, como norma práctica se puede indicar que, cuando el asiento sea apopante, o sea, positivo, el App será positivo y el Apr negativo, y cuando el asiento sea aproante, negativo, el App será negativo y el Apr positivo.

6.4 Cálculo de las alteraciones de popa y de proa

Se recuerda que la alteración es igual a la diferencia entre el asiento final y el asiento inicial, con los signos correspondientes.

$$a = Af - Ai \qquad (6.12)$$

a   alteración, que podrá ser positiva o negativa, alteración apopante o aproante, respectivamente
Af   asiento final, correspondiente a unos calados de popa y de proa finales
Ai   asiento inicial, correspondiente a unos calados de popa y de proa iniciales

Los valores se darán en metros o en centímetros.

En la figura 6.4 se observan la alteración de popa, a_{pp}, y la alteración de proa, a_{pr}. Siendo la flotación inicial FL y la flotación final F'L', si sumamos con su signo, a los calados de popa y de proa iniciales, la a_{pp} y la a_{pr}, respectivamente, se hallarán los calados de popa y de proa finales.

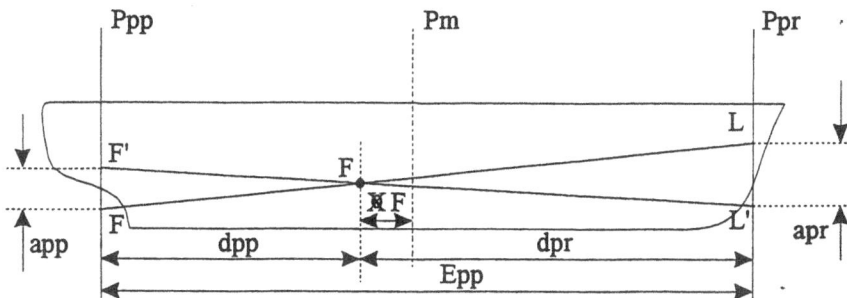

Fig. 6.4 Cálculo de las alteraciones de popa y de proa

El reparto y los signos de la alteración, en a_{pp} y a_{pr}, se realiza en base a la misma proporcionalidad establecida para el asiento, es decir,

$$a_{pp} = \frac{a}{E} \cdot dpp \qquad (6.13)$$

$$dpp = \frac{E}{2} - \otimes F \qquad \frac{E}{2} \ y \ dpp \ , \ positivos$$

$$a_{pr} = \frac{a}{E} \cdot dpr \tag{6.14}$$

$$dpr = \frac{E}{2} - \otimes F \qquad \frac{E}{2} \ y \ dpr \ , \ negativos$$

A partir de aquí y para hallar los calados finales de popa y de proa, se sumarán a los calados iniciales de las cabezas, las alteraciones de popa y proa producidas, con sus signos.

$$Cpp_f = Cpp_i + a_{pp} \tag{6.15}$$

$$Cpr_f = Cpr_i + a_{pr} \tag{6.16}$$

Si la operación realizada es una carga o descarga, además se producirá inmersión, la cual deberá tenerse en cuenta, con su signo, al hallar los calados finales de popa y proa.

$$Cpp_f = Cpp_i + I + a_{pp} \tag{6.17}$$

$$Cpr_f = Cpr_i + I + a_{pr} \tag{6.18}$$

6.5 Toneladas por centímetros de inmersión, Tc

Las toneladas por centímetro de inmersión son el número de toneladas a cargar o descargar en la vertical del centro de flotación para que el calado aumente o disminuya paralelamente un centímetro. El peso a cargar o descargar debe ser un peso pequeño. Como se ve es una consecuencia de la primera propiedad del centro de flotación enunciada al principio del capítulo.

Las toneladas por centímetro de inmersión tienen una aplicación práctica y muy útil, al ser aproximadamente el número de toneladas a cargar o descargar en cualquier punto del buque para que el calado medio aumente o disminuya un centímetro.

El valor de las Tc para un calado determinado se puede obtener suponiendo que se carga un peso en la vertical de F, que produzca una inmersión paralela de un centímetro, (Fig. 6.5). La rebanada de incremento del volumen sumergido entre las flotaciones FL y F'L' será

$$v = S_F \cdot I$$

v   volumen de la rebanada o zona entre flotaciones FL y F'L' en m³

S   superficie de flotación en m² (su valor prácticamente no debería variar para el calado medio inicial y el calado medio final)

I   inmersión de 1 cm = 0,01 m

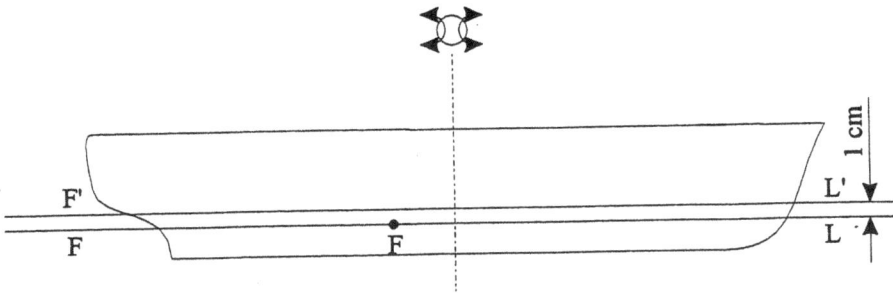

Fig. 6.5 Toneladas por centímetro de inmersión

El empuje producido por el incremento de este volumen será igual al peso cargado, obteniéndose el empuje al multiplicar el volumen por la densidad del agua en la que flota el buque.

$$p = v \cdot \gamma = S_F \cdot I \cdot \gamma$$

p   empuje producido igual al peso del agua desplazada

γ   densidad del agua en Tm/m³

Al peso que produce una inmersión de 1 cm se le denomina, como se ha indicado, toneladas por centímetro de inmersión. Suponiendo una densidad del agua de mar de 1,025 Tm/m³ , será

$$Tc = S_F \cdot 0,01 \cdot 1,025 \qquad (6.19)$$

Tc   toneladas por centímetro de inmersión

Entrando en las curvas hidrostáticas con el calado medio se obtendrán las Tc. La curva corre paralela a la curva de áreas de las flotaciones, siendo explicable al observar la dependencia que existe entre ellas, puesto que para calcular las toneladas por centímetro se multiplica la superficie de flotación, del mismo calado, por un valor constante (0,01 x 1,025).

6.6 Toneladas por pulgada de inmersión, Tp

Las mismas definiciones del apartado anterior se pueden aplicar a las toneladas por pulgada de inmersión, es decir, utilizando unidades anglosajonas. En este caso la deducción de la fórmula para Tp, será

$$p = \frac{v}{FE}$$

p   peso de la rebanada en *Long Tons*
v   volumen de la rebanada en pies cúbicos
FE   factor de estiba en pies cúbicos/*Long Tons*, que para agua de mar es igual a 35.

$$v = S_F \cdot I$$

S_F superficie de flotación en pies cuadrados.
I   inmersión producida de 1 pulgada $= 1/12$ pie.

$$Tp = \frac{S_F}{35 \; x \; 12} = \frac{S_F}{420} \tag{6.20}$$

6.7 Cálculo de la inmersión y de la emersión

La inmersión producida por la carga de un peso pequeño se calculará dividiéndolo por las toneladas por centímetro de inmersión.

$$I = \frac{peso \; cargado}{Tc}$$

La emersión producida por una descarga de un peso pequeño se obtendrá dividiendo el peso por las toneladas por centímetro.

$$E = \frac{peso\ descargado}{Tc}$$

En los dos casos tratados se ha hecho referencia a que el peso ha de ser pequeño, lo cual es un término relativo, que viene condicionado por la verticalidad de los costados del buque en la zona de los calados en la que se esté trabajando, para que el valor de las toneladas por centímetro de inmersión no varíe entre los calados inicial y final, o que la variación sea prácticamente inapreciable.

De acuerdo con la propuesta de unificar las fórmulas para carga y descarga, la ecuación de la inmersión será:

$$I = \frac{P}{Tc} \qquad\qquad (6.21)$$

6.8 Cálculo de la inmersión debida a un peso grande

Cuando el peso cargado o descargado sea un peso que no pueda tener la consideración de pequeño, de acuerdo con las formas de los costados del buque y de la variación de las Tc para los calados inicial y final, la inmersión se calculará con la ayuda de las curvas hidrostáticas. Con el desplazamiento inicial y el peso, se calculará el desplazamiento final, y entrando con este último en las curvas se hallará el calado medio final.

$$D_F = D_I + p$$

$$D_F ---> CH ---> Cm_f$$

$$Cm_f - Cm_i = I$$

D_F desplazamiento final
D_I desplazamiento inicial
p   peso cargado o descargado
Cm_i calado medio inicial
Cm_f calado medio final
I   inmersión

6.9 Variación del calado por cambio de densidad

De la fórmula $D = \nabla \cdot \gamma$, se deduce que para un valor del desplazamiento constante, si varía la densidad del agua en la que está flotando el buque, variará el volumen sumergido. Cuando la densidad disminuya, caso del buque que pasa de la mar al río, el volumen sumergido del buque aumentará, y, por tanto, aumentará el calado del mismo. En el paso de río a mar, el efecto será al contrario, es decir, aumentará la densidad, disminuirá el volumen sumergido, y disminuirá el calado.

En definitiva, los efectos serán un aumento o disminución del calado medio, y debido a ello una pequeña alteración en los calados de popa y de proa, que no se tendrá en cuenta en este estudio.

De la ecuación,

$$\nabla = \frac{D}{\gamma}$$

diferenciando, se obtiene

$$d\nabla = -D \cdot \frac{d\gamma}{\gamma^2}$$

Si $d\nabla$ es un valor pequeño, como es el caso,

$$d\nabla = S_F \cdot I$$

igualando

$$S_F \cdot I = -D \cdot \frac{d\gamma}{\gamma^2}$$

$$I = -\frac{D}{S_F} \cdot \frac{d\gamma}{\gamma^2} \qquad\qquad (6.22)$$

fórmula que da la inmersión producida debido al cambio de densidad.

Paso de densidad de agua dulce a la de agua salada.

γ 1,000 Tm/m^3
γ_s 1,025 Tm/m^3

Poniendo el valor de la superficie de flotación en función de las toneladas por centímetro

$$Tc = S_F \cdot 0{,}01 \cdot \gamma$$

$$S_F = \frac{Tc}{0{,}01 \cdot \gamma}$$

e introduciendo estos valores en la ecuación (6.22)

$$I = -\frac{D}{Tc} \cdot \frac{0{,}01 \cdot \gamma \cdot d\gamma}{\gamma^2}$$

$$d\gamma = 1{,}025 - 1{,}000 = 0{,}025 = 1/40$$

siendo las unidades Tm y m.

$$100 \cdot I = -\frac{D}{40 \cdot Tc}$$

$$100 \cdot I = p \qquad en \ cm.$$

$$p = -\frac{D}{40 \cdot Tc} \qquad (6.23)$$

p   es el permiso de agua dulce, al que hace referencia el Convenio Internacional sobre Líneas de Carga. En este caso el signo es negativo, es decir, se producirá emersión, ya que pasamos de menor a mayor densidad.

Como fórmula general del permiso se utilizará la que se indica en el reglamento del Convenio, y que es

$$p = \frac{D_V}{40 \cdot Tc_V} \qquad (6.24)$$

p   permiso de agua dulce, en cm
D_V desplazamiento para la línea de carga de verano
Tc_V toneladas por centímetro de inmersión, correspondientes al calado de verano

El permiso de agua dulce suele ser del orden del 2% del calado de verano, en los buques de formas relativamente llenas.

6.10 Cálculo de la corrección por densidad

Siguiendo las indicaciones del reglamento del Convenio Internacional sobre Líneas de Carga, la corrección al calado entre la $\gamma=1,025$ y cualquier otra densidad se obtendrá de acuerdo con la siguiente proporción:

$$p = \frac{D_V}{40 \cdot Tc_V}$$

$$p \text{ ------- } (1,025 - 1,000)$$
$$c/\gamma \text{ -------- } (1,025 - \gamma_{\text{Río}})$$

$$c/\gamma = p \cdot \frac{1,025 - \gamma_{RIO}}{0,025} \tag{6.25}$$

c/γ corrección por densidad a aplicar al calado inicial
        a) Paso de mar a río: la corrección será positiva
        b) Paso de río a mar: la corrección será negativa

6.11 Problema de río

Un problema clásico para el marino es el de hallar los calados con los que llegará a la mar saliendo de puerto fluvial, teniendo en cuenta que durante el descenso del río existirá consumo de combustible. En los planteamientos teóricos siguientes se calcularán solamente los calados medios. Una observación importante es que el desplazamiento del buque que figura en las curvas hidrostáticas corresponde a la densidad del agua de mar; por tanto, al entrar con un calado de río, en lugar de la curva de desplazamientos, se utilizará la curva de volúmenes sumergidos, multiplicándose por la densidad del agua en la que esté flotando el buque.

$$D = \nabla_{RIO} \cdot \gamma_{RIO}$$

a) Salida del puerto fluvial: corrección por densidad y consumo, y calados al llegar a la mar.

Datos a la salida del puerto fluvial:

Cm_{PF} calado medio a la salida del puerto fluvial

D_V desplazamiento de verano

Tc_V toneladas por centímetro de inmersión del calado de verano

$\gamma_{RÍO}$ densidad del agua del puerto fluvial

c   consumo durante la bajada del río

Se deberán calcular las correcciones por consumo y densidad. La corrección por consumo equivale a calcular la emersión producida debido a una descarga, cuyo peso es el del combustible consumido.

$$c/c = \frac{c}{Tc} \tag{6.26}$$

c/c   corrección por consumo

c   peso del combustible consumido

Tc   toneladas por centímetro de inmersión, del calado medio de salida del puerto fluvial

La corrección por densidad ya ha sido calculada en el apartado anterior. Entonces,

$$Cm_{MAR} = Cm_{PF} - c/c - c/\gamma \tag{6.27}$$

b) Paso de mar a puerto fluvial

De forma análoga se hallaría a partir del Cm_{MAR} el Cm_{PF}, siendo éste igual a:

$$Cm_{PF} = Cm_{MAR} - c/c + c/\gamma \tag{6.28}$$

c) Salida de puerto fluvial con los calados máximos permitidos

Cuando se quiera salir de un puerto fluvial con los máximos calados permitidos, deberá tenerse en cuenta el francobordo que por zona y fecha es en la mar, es decir, el calado máximo permitido al llegar a la mar. En este caso se permite sobrecalar el buque por densidad y consumo, planteándose la solución a partir del calado medio en la mar.

$$Cm_{PF} = Cm_{MAR} + c/c + c/\gamma \tag{6.29}$$

En resumen, el calado medio en la mar se aumenta con las correcciones por consumo y densidad, lo que equivale a sobrecalar el barco por estos conceptos. Existe la práctica de no cargar el buque más allá del calado dulce tropical, a menos que se disponga de información adecuada que indique el calado máximo hasta el que se pueda sobrecalar el barco.

6.12 Calados máximos permitidos en la mar

Si en el transcurso de un viaje hay que pasar por zonas de diferente francobordo, habrá que considerar la limitación impuesta por el francobordo mayor, es decir, el calado correspondiente a la línea de carga más baja. Para aprovechar al máximo la capacidad de carga se tendrán en cuenta los consumos realizados entre zonas, cuidando no sobrepasar el calado máximo permitido en cada zona.

a) Paso de mayor a menor calado máximo permitido

Suponiendo que estos calados son el de verano y el de invierno, se calculará la corrección por consumo y se sumará al calado de invierno, comprobando que el valor del calado obtenido no sea superior al de verano.

El tratamiento será

$$Cm = C_I + c/c$$

$$Cm \leq C_V$$

En el caso de que,

$$Cm > C_V$$

quedará como límite la línea de carga de verano.

b) Paso de menor a mayor calado máximo permitido

Ocurre en el caso contrario, es decir, que el primer calado sea el de invierno y el segundo el de verano. Puesto que el C_I es el límite inicial, no es posible aplicar ninguna corrección por consumo.

7. Centro de gravedad del buque

7.1 Generalidades sobre el centro de gravedad del buque

El centro de gravedad del buque, G, como punto de aplicación de todos los pesos que están a bordo, incluido el del propio buque, queda situado en el espacio por sus tres coordenadas KG, ¢G y ⊠G.

La manera de determinar la posición inicial del centro de gravedad del buque no puede desarrollarse ahora, dado que todavía no se han tratado los temas de estabilidad necesarios para ello, pero a modo de aproximación se indica que una vez botado el barco después de su construcción, el KG se obtiene a través de la experiencia de estabilidad, la ¢G debe ser cero por definición, ya que el buque es simétrico con respecto al plano diametral y tiene que estar adrizado, y, finalmente, ⊠G se puede calcular a partir de la observación de los calados, aplicando las ecuaciones que relacionan ⊠G con el asiento.

Las operaciones con pesos que se realizan en el barco y que modifican la posición del centro de gravedad del buque son: carga, descarga y traslado.

El valor del movimiento de G, c. de g. del buque, se obtendrá con las ecuaciones del teorema de los momentos, tomados con respecto a un sistema de ejes principales, siendo estos la línea base, la línea central y la cuaderna maestra (o también, la perpendicular de popa), o con respecto a un sistema de ejes que pasen por la posición inicial de G y que sean paralelos a los principales citados.

Como norma debe tenerse en cuenta que:

a) Al cargar un peso, el G del buque se mueve hacia el c. de g. del peso.

b) Al descargar un peso, el G del buque se mueve en la dirección del peso, pero en sentido contrario.

c) Al trasladar un peso, el G del buque se mueve paralelamente a la dirección del traslado y en el mismo sentido.

7.2 Carga y descarga de pesos

Se estudian simultáneamente la carga y la descarga de un peso. En el primer caso, al substituir el peso por un valor, éste será positivo, y en el segundo, negativo. Por tanto, se utiliza como denominación genérica de cualquiera de las operaciones, carga y descarga, el de carga de un peso.

El estudio se realiza tomando momentos con respecto a los ejes principales del buque, o con respecto a unos ejes que pasen por el centro de gravedad del mismo, y que sean paralelos a los principales.

7.2.1 Carga de un peso. Ejes principales

Los ejes principales con respecto a los que se toman momentos son, en este caso, la línea base para las distancias verticales, la línea central, para las transversales, y la cuaderna maestra o perpendicular media para las distancias longitudinales. Se añade para los momentos longitudinales la posibilidad de que el eje con el cual se trabaje sea la perpendicular de popa en lugar de la perpendicular media.

a) Movimiento vertical, (Fig. 7.1).

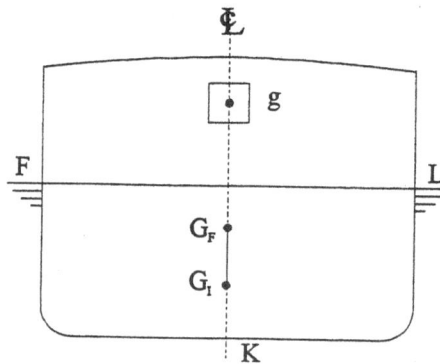

Fig. 7.1 Carga de un peso. Movimiento vertical

El desplazamiento del buque se obtiene a partir de,

$$D_F = D_I + p \qquad (7.1)$$

D_F desplazamiento final
D_I desplazamiento inicial
p peso, que se sumará cuando sea carga o se restará cuando se trate de una descarga

La ecuación, tomando momentos con respecto a la quilla, será

$$D_F \cdot KG_F = D_I \cdot KG_I + p \cdot kg \tag{7.2}$$

KG_I posición vertical inicial del centro de gravedad del buque con respecto a la quilla

KG_F posición vertical final del centro de gravedad del buque con respecto a la quilla

Kg posición vertical del centro de gravedad del peso con respecto a la quilla

A partir de la ecuación de equilibrio se obtendrá el KG_F, conocidos los demás datos, es decir, D_I, KG_I, el peso y su Kg. También se puede hallar el valor del kg del peso, cuando conociendo el KG_I y el peso a cargar, se quiera obtener un KG_F determinado. Otro problema de solución fácil se tiene al ser datos conocidos KG_I y el Kg del peso, y se desea obtener un valor de KG_F. Por tanto, de la fórmula general, se obtendrán para resolver los tres casos planteados, las siguientes ecuaciones

$$KG_F = \frac{D_I \cdot KG_I + p \cdot Kg}{D_F} \tag{7.3}$$

$$Kg = \frac{D_F \cdot KG_F - D_I \cdot KG_I}{p} \tag{7.4}$$

$$p = \frac{(D_I + p) \cdot KG_F - D_I \cdot KG_I}{Kg} \tag{7.5}$$

b) Movimiento transversal, (Fig. 7.2).

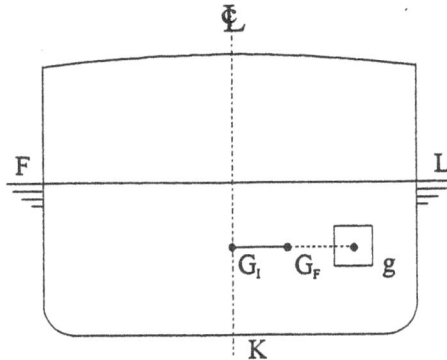

Fig. 7.2 Carga de un peso. Movimiento transversal

Siguiendo el criterio del desarrollo del punto anterior, pero, lógicamente, tomando momentos con respecto a la línea central del buque, se obtendrán las diferentes ecuaciones para resolver el problema transversal de carga de un peso.

$$D_F = D_I + p$$

$$D_F \cdot \text{\textsterling}G_F = D_I \cdot \text{\textsterling}G_I + p \cdot \text{\textsterling}g \qquad (7.6)$$

$$\text{\textsterling}G_F = \frac{D_I \cdot \text{\textsterling}G_I + p \cdot \text{\textsterling}g}{D_F} \qquad (7.7)$$

$$\text{\textsterling}g = \frac{D_F \cdot \text{\textsterling}G_F - D_I \cdot \text{\textsterling}G_I}{p} \qquad (7.8)$$

$$p = \frac{(D_I + p) \cdot \text{\textsterling}G_F - D_I \cdot \text{\textsterling}G_I}{\text{\textsterling}g} \qquad (7.9)$$

$\text{\textsterling}G_I$ posición transversal inicial del centro de gravedad del buque con respecto a la línea central

$\text{\textsterling}G_F$ posición transversal final del centro de gravedad del buque con respecto a la línea central

$\text{\textsterling}g$ posición transversal del centro de gravedad del peso con respecto a la línea central

En los tres brazos transversales, $\text{\textsterling}G_I$, $\text{\textsterling}G_F$ y $\text{\textsterling}g$, se deberán tener presentes sus signos.

c) Movimiento longitudinal, (Fig. 7.3).

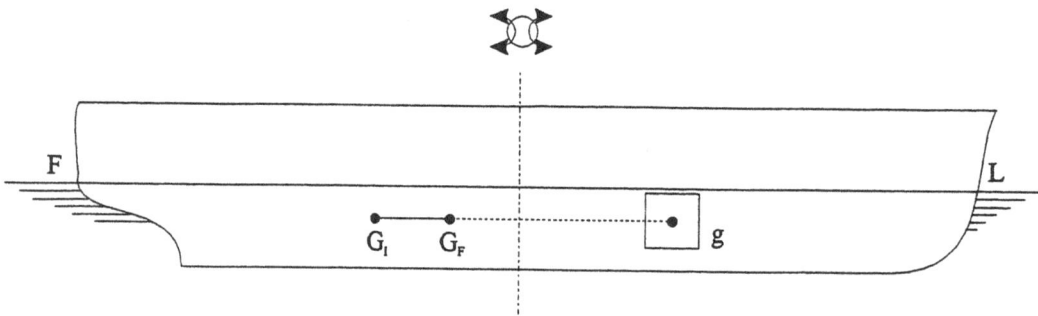

Fig. 7.3 Carga de un peso. Movimiento longitudinal

Los brazos longitudinales vienen dados por $\boxtimes G_I$, centro de gravedad inicial del buque, $\boxtimes g$, centro de gravedad del peso, y $\boxtimes G_F$, centro de gravedad final del buque una vez realizada la operación de carga o descarga.

$$D_F = D_I + p$$

$$D_F \cdot \boxtimes G_F = D_I \cdot \boxtimes G_I + p \cdot \boxtimes g \qquad (7.10)$$

$$\boxtimes G_F = \frac{D_I \cdot \boxtimes G_I + p \cdot \boxtimes g}{D_F} \qquad (7.11)$$

$$\boxtimes g = \frac{D_F \cdot \boxtimes G_F - D_I \cdot \boxtimes G_I}{p} \qquad (7.12)$$

$$p = \frac{(D_I + p) \cdot \boxtimes G_F - D_I \cdot \boxtimes G_I}{\boxtimes g} \qquad (7.13)$$

$\boxtimes G_I$ brazo longitudinal del centro de gravedad del buque en la condición inicial, con respecto a a la cuaderna maestra

$\boxtimes G_F$ brazo longitudinal del centro de gravedad del buque en la condición final, con respecto a la cuaderna maestra

$\boxtimes g$ brazo longitudinal del centro de gravedad del peso con respecto a la cuaderna maestra

Se aplicarán adecuadamente los signos del peso, según se trate de carga o descarga, y los signos de los brazos longitudinales

d) Movimiento longitudinal tomando como eje la perpendicular de popa, (Fig. 7.4).

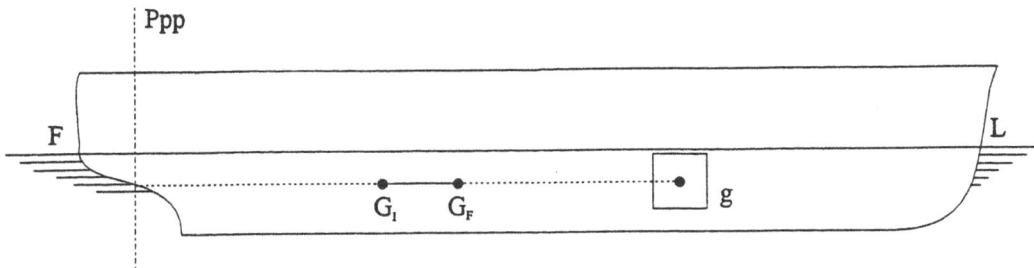

Fig. 7.4 Carga de un peso. Movimiento longitudinal con respecto a la Ppp

Longitudinalmente se puede trabajar con respecto al eje que coincide con la perpendicular media o cuaderna maestra, o con respecto a la perpendicular de popa. En este último caso, se tendrá en cuenta que los brazos tomados desde la P_{PP} hacia proa, son positivos.

$$D_F = D_I + p$$

$$D_F \cdot P_{PP}G_F = D_I \cdot P_{PP}G_I + p \cdot P_{PP}g \tag{7.14}$$

$$P_{PP}G_F = \frac{D_I \cdot P_{PP}G_I + p \cdot P_{PP}g}{D_F} \tag{7.15}$$

$$P_{PP}g = \frac{D_F \cdot P_{PP}G_F - D_I \cdot P_{PP}G_I}{p} \tag{7.16}$$

$$p = \frac{(D_I + p) \cdot P_{PP}G_F - D_I \cdot P_{PP}G_I}{P_{PP}g} \tag{7.17}$$

$P_{PP}G_I$ brazo longitudinal del centro de gravedad del buque en la condición inicial, con respecto a la perpendicular de popa

$P_{PP}G_F$ brazo longitudinal del centro de gravedad del buque en la condición final, con respecto a la perpendicular de popa

$P_{PP}g$ brazo longitudinal del centro de gravedad del peso, con respecto a la perpendicular de popa

Es más conveniente para el tratamiento de las fórmulas posteriores que conducen al cálculo de los calados, trabajar con brazos a la cuaderna maestra.

Como observación final, al cargar un peso en el propio centro de gravedad del buque, éste no se moverá.

7.2.2 Carga de un peso. Ejes que pasan por el centro de gravedad inicial del buque

En este caso, el sistema de ejes es paralelo a los principales y pasa por el centro de gravedad inicial del buque.

Deducción de la ecuación general, (Fig. 7.5). Sin tener en cuenta si el brazo del peso es vertical, transversal o longitudinal, la deducción de la ecuación general tomando momentos con respecto a un eje que pase por G, centro de gravedad del buque, será:

$$D_F \cdot GG_F = D_I \cdot 0 + p \cdot Gg \qquad (7.18)$$

$$D_F = D_I + p$$

D_I desplazamiento inicial del buque

D_F desplazamiento final del buque

p   peso

GG_F movimiento del centro de gravedad del buque producido por la carga del peso

Gg   brazo del peso, distancia entre el centro de gravedad del peso y el centro de gravedad inicial del buque

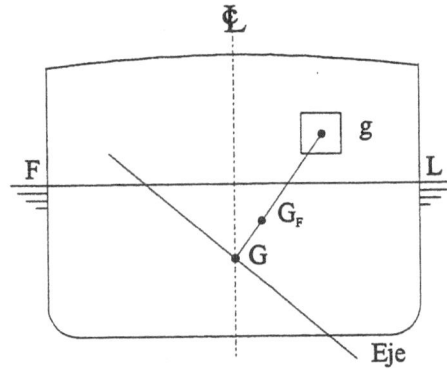

Fig. 7.5 Carga de un peso. Deducción de la ecuación general cuando los ejes pasan por G

La ecuación de equilibrio es, por lo tanto,

$$D_F \cdot GG_F = p \cdot Gg \qquad (7.19)$$

$$GG_F = \frac{p \cdot Gg}{D_F} \qquad (7.20)$$

Los movimientos vertical, transversal y longitudinal se obtendrán particularizando la ecuación anterior.

a) Movimiento vertical del G del buque, (Fig. 7.6).

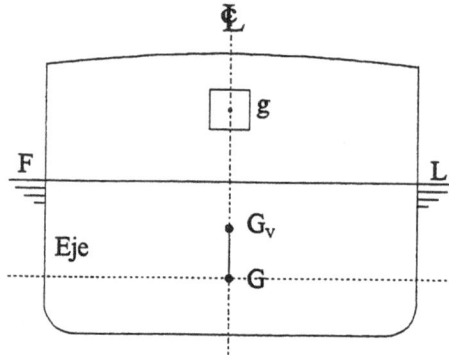

Fig. 7.6 Carga de un peso. Cálculo de GG_v

Tomando momentos con respecto a un eje horizontal, paralelo a la línea base, y que pase por el G inicial del buque se obtendrá

$$GG_V = \frac{p \cdot dv}{D_F} \qquad (7.21)$$

$$D_F = D_I + p$$

$$dv = Kg - KG \qquad (7.22)$$

$$\begin{aligned} Kg &> KG & dv \text{, positiva} \\ Kg &< KG & dv \text{, negativa} \end{aligned}$$

$$KG_V = KG + GG_V \qquad (7.23)$$

que también podría expresarse como,

$$KG_F = KG_I + GG_V \qquad (7.24)$$

GG_V movimiento vertical, positivo o negativo, del centro de gravedad del buque

D_I desplazamiento inicial del buque

D_F desplazamiento final del buque

p   peso

KG   posición vertical inicial del centro de gravedad del buque

KG_V posición vertical final del centro de gravedad del buque

Kg   posición vertical del peso

b) Movimiento transversal del G del buque, (Fig. 7.7).

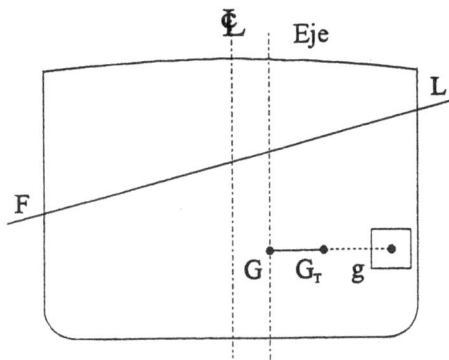

Fig. 7.7 Carga de un peso. Cálculo de GG_T

Por el mismo proceso se calcula el brazo transversal final del centro de gravedad del buque.

$$GG_T = \frac{p \cdot dt}{D_F} \tag{7.25}$$

$$D_F = D_I + p$$

$$dt = Cg - CG \tag{7.26}$$

Para el cálculo de la distancia transversal se tendrán en cuenta, por supuesto, los signos de los brazos transversales.

$$\text{¢}G_T = \text{¢}G + GG_T \tag{7.27}$$

Que también se puede expresar por

$$\text{¢}G_F = \text{¢}G_I + GG_T \tag{7.28}$$

GG_T movimiento transversal, positivo o negativo, del centro de gravedad del buque
$\text{¢}G$ posición transversal inicial del centro de gravedad del buque
$\text{¢}G_T$ posición transversal final del centro de gravedad del buque
$\text{¢}g$ posición transversal del peso

Si no hay escora inicial, el valor de GG_T hallado será el brazo transversal del buque con respecto a la línea central.

Cuando exista escora inicial puede obtenerse el valor de $\text{¢}G_F$, calculando previamente $\text{¢}G_I$ con respecto al nuevo desplazamiento del barco, D_F, de la siguiente manera,

$$\text{¢}G_I = \frac{\Sigma(p \cdot dt)}{D_I}$$

$$\Sigma(p \cdot dt) = D_I \cdot \text{¢}G_I$$

$$\text{¢}G_F = \frac{\Sigma(p \cdot dt) + p \cdot \text{¢}g}{D_F} \tag{7.29}$$

lo cual equivale a aplicar el teorema de momentos tomando como eje la línea central.

c) Movimiento longitudinal del G del buque, (Fig. 7.8).

Finalmente, y por un procedimiento análogo

$$GG_L = \frac{p \cdot dl}{D_F} \tag{7.30}$$

$$D_F = D_I + p$$

$$dl = \otimes g - \otimes G \tag{7.31}$$

$$\otimes G_L = \otimes G + GG_L \tag{7.32}$$

que también puede expresarse como,

$$\otimes G_F = \otimes G_I + GG_L \tag{7.33}$$

GG_L movimiento longitudinal, positivo o negativo, del centro de gravedad del buque
$\otimes G$ posición longitudinal inicial del centro de gravedad del buque
$\otimes G_L$ posición longitudinal final del centro de gravedad del buque
$\otimes g$ posición longitudinal del peso

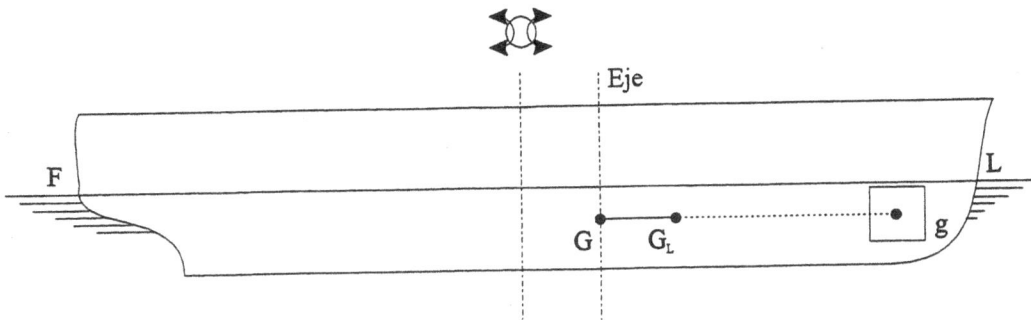

Fig. 7.8 Carga de un peso. Cálculo de GG_L

Se plantea el siguiente resumen, que puede ser de utilidad práctica, para verificar el efecto sobre el centro de gravedad inicial del buque, o para hacer planteamientos adecuados cuando se quiera obtener una condición final del centro de gravedad, G.

Carga. El peso será positivo.

Movimiento vertical:
       Si el peso se carga por encima del centro de gravedad del buque, éste subirá.
       Si el peso se carga por debajo del centro de gravedad del buque, éste bajará.

Movimiento transversal:
       Si el peso se carga a estribor del centro de gravedad del buque, éste se moverá hacia estribor.
       Si el peso se carga a babor del centro de gravedad del buque, éste se moverá hacia babor.

Movimiento longitudinal:
       Si el peso se carga a popa del centro de gravedad del buque, éste se moverá hacia popa.
       Si el peso se carga a proa del centro de gravedad del buque, éste se moverá hacia proa.

Descarga. Al ser el peso negativo, los efectos producidos sobre el centro de gravedad del buque serán justamente al contrario que los efectos citados para la carga.

7.3 Cuadro de momentos

Cuando sean varias las operaciones a realizar con pesos, la manera más cómoda de calcular la posición final del centro de gravedad del buque es utilizando el cuadro de momentos. En él, el desplazamiento inicial será una carga, por tanto, positivo, y el traslado podrá tratarse como una descarga en la posición inicial del peso y una carga en la posición final. Se prestará especial atención al producto de los signos entre pesos y brazos.

Tabla 7.1 Cuadro de momentos

Descripción	Peso	KG	Mv	¢G	Mt	⊠G	Ml
	D_F		ΣM_v		$\pm \Sigma M_t$		$\pm \Sigma M_l$

$$KG_F = \frac{\Sigma M_v}{D_F} \tag{7.34}$$

$$\text{¢} G_F = \frac{\pm \Sigma M_t}{D_F} \tag{7.35}$$

$$\otimes G_F = \frac{\pm \Sigma M_l}{D_F} \tag{7.36}$$

7.4 Movimiento del centro de gravedad del buque al cargar un peso muy pequeño

Al cargar un peso que pueda considerarse muy pequeño con respecto al desplazamiento del buque y, también, de acuerdo con los efectos que produzca, las ecuaciones que calculan GG_V, GG_T y GG_L, movimientos vertical, transversal y longitudinal del buque, respectivamente, tomando momentos con respecto a un sistema de ejes que pasa por el G del buque, pueden simplificarse de la siguiente manera:

$$\frac{p}{D + p} = \frac{dp}{D + dp} \approx \frac{dp}{D} \tag{7.37}$$

D   desplazamiento inicial del buque
dp   peso muy pequeño

$$GG_V = \frac{dp \cdot dv}{D} \qquad KG_V = KG + GG_V \tag{7.38}$$

$$GG_T = \frac{dp \cdot dt}{D} \qquad \text{¢}G_T = \text{¢}G + GG_T \tag{7.39}$$

$$GG_L = \frac{dp \cdot dl}{D} \qquad \otimes G_L = \otimes G + GG_L \tag{7.40}$$

GG_V movimiento vertical del G del buque
dv   brazo vertical del peso con respecto a G
GG_T movimiento transversal del G del buque
dt   brazo transversal del peso con respecto a G
GG_L movimiento longitudinal del G del buque
dl   brazo longitudinal del peso con respecto a G

7.5 Cambio en el calado medio del buque al cargar o descargar pesos

Cuando el peso es pequeño se puede calcular el cambio sufrido por el calado medio utilizando la fórmula de la inmersión.

$$I = \frac{p}{T_C}$$

I   inmersión
p   peso
T_C toneladas por centímetro de inmersión

Si se trata de una carga, el valor de p será positivo y dará una inmersión, y si se tratara de una descarga, el signo negativo indicará emersión.

Para un peso grande, en lugar de utilizar la ecuación anterior, se entrará con el desplazamiento final en las curvas hidrostáticas para hallar el calado medio final.

$$D_F = D_I + p$$

$$D_F \dashrightarrow CH \dashrightarrow Cm$$

7.6 Movimiento del centro de gravedad del buque al trasladar un peso

La variación de G, centro de gravedad del buque, debido al traslado de un peso, p, desde un punto inicial, g_1, a otro punto final, g_2, se estudia descomponiéndolo en tres movimientos, vertical, transversal y longitudinal, paralelos a los tres ejes principales del buque. Las coordenadas del desplazamiento son KG, ¢G, ⊠G y los coordenadas del peso Kg_1, $¢g_1$, $⊠g_1$, para la posición inicial g_1, y Kg_2, $¢g_2$, $⊠g_2$, para la posición final g_2.

Dado que en este caso no se modifica el desplazamiento del buque, tampoco variará el calado medio.

De acuerdo con el teorema de los momentos, el G del buque se moverá paralelamente a la línea que une g_1, centro de gravedad de la posición inicial del peso, y g_2, centro de gravedad de la posición final del peso, y en el mismo sentido. Los valores de los movimientos vertical, transversal y longitudinal de G, que se deducen tomando momentos con respecto a los tres ejes principales, serán:

a) Traslado vertical, (Fig. 7.9).

$$GG_V = \frac{p \cdot dv}{D} \tag{7.41}$$

$$dv = Kg_2 - Kg_1 \tag{7.42}$$

$$\begin{aligned} Kg_2 &> Kg_1 \qquad dv \text{ , positiva} \\ Kg_2 &< Kg_1 \qquad dv \text{ , negativa} \end{aligned}$$

$$KG_V = KG + GG_V \tag{7.43}$$

KG   KG inicial del buque, antes del traslado

D   desplazamiento

GG_V movimiento vertical del centro de gravedad del buque. Su signo dependerá del signo de dv, distancia vertical

p   peso trasladado

Kg_1 posición vertical inicial del peso trasladado

Kg_2 posición vertical final del peso trasladado

dv   distancia vertical trasladada

KG_V KG final del buque, después del traslado

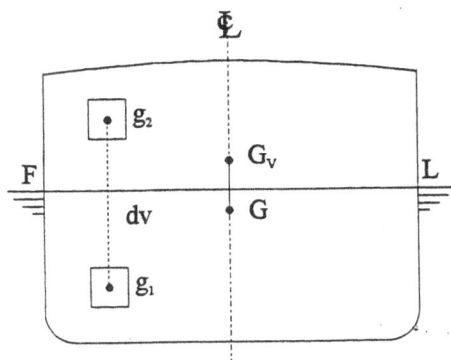

Fig. 7.9 Traslado vertical de un peso

Otra manera habitual de expresar la ecuación es

$$KG_F = KG_I + GG_V \qquad (7.44)$$

KG_I KG inicial del buque

KG_F KG final del buque

Una norma de orden práctico es que si el peso sube, el G del barco subirá, y si el peso baja, G bajará.

b) Traslado transversal, (Fig. 7.10).

$$GG_T = \frac{p \cdot dt}{D} \qquad (7.45)$$

$$dt = ₵g_2 - ₵g_1 \tag{7.46}$$

La distancia transversal, dt, se obtendrá teniendo en cuenta los signos de los brazos final e inicial del peso con respecto a la línea central. En el caso de que el peso se traslade transversalmente hacia estribor, la distancia transversal resultará positiva, por tanto, GG_T será positivo, también. Si el peso se desplaza hacia babor, la distancia transversal será negativa, y en consecuencia el GG_T resultante será negativo.

$$₵G_T = ₵G + GG_T \tag{7.47}$$

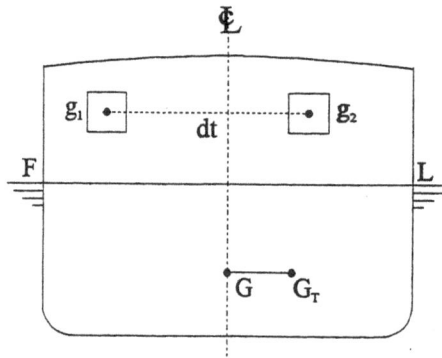

Fig. 7.10 Traslado transversal de un peso

₵G	₵G inicial del buque, antes del traslado
GG_T	movimiento transversal del centro de gravedad del buque. Su signo dependerá del signo de dt
dt	brazos transversal del peso, distancia entre las posiciones transversales final e inicial del peso
$₵g_1$	posición transversal inicial del peso
$₵g_2$	posición transversal final del peso
$₵G_T$	₵G final del buque, después del traslado.

También puede expresarse, así

$$₵G_F = ₵G_I + GG_T \tag{7.48}$$

es decir, el brazo transversal final del buque es igual al brazo transversal inicial del buque más el movimiento transversal de G producido por el traslado del peso.

c) Traslado longitudinal, (Fig. 7.11).

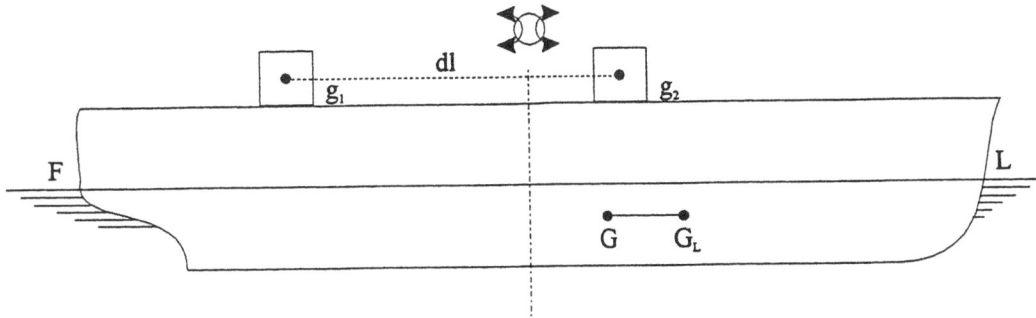

Fig. 7.11 Traslado longitudinal de un peso

$$GG_L = \frac{p \cdot dl}{D} \tag{7.49}$$

$$dl = \otimes g_2 - \otimes g_1 \tag{7.50}$$

La distancia longitudinal, dl, se halla restando los brazos final e inicial del peso con respecto a la cuaderna maestra, teniendo cuidado con los signos que los afecten. Si el peso se traslada hacia popa, la distancia longitudinal será positiva y, en consecuencia, también lo será GG_L. Cuando el traslado del peso sea hacia proa, dl y GG_L serán negativos.

$$\otimes G_L = \otimes G + GG_L \tag{7.51}$$

o también

$$\otimes G_F = \otimes G_I + GG_L \tag{7.52}$$

$\otimes G$ $\otimes G$ inicial del buque ($\otimes G_I$), antes del traslado

GG_L movimiento longitudinal del centro de gravedad del buque. Su signo dependerá del signo de dl

dl   brazo longitudinal del peso, distancia entre las posiciones longitudinales final e inicial del peso

$\otimes g_1$ posición longitudinal inicial del peso

$\otimes g_2$ posición longitudinal final del peso

$\otimes G_L$ $\otimes G$ final del buque ($\otimes G_F$), después del traslado

8 Isocarenas e isoclinas

8.1 Definiciones

Isocarenas. Para un buque determinado, las isocarenas son carenas de igual volumen. También se pueden denominar equivolúmenes.

Flotaciones isocarenas. Se llaman así a las flotaciones que limitan a las isocarenas.

Inclinaciones isocarenas. Son las inclinaciones que puede tomar un buque, de manera que las flotaciones resultantes sean isocarenas.

Eje de inclinación. Eje definido por la intersección de dos flotaciones. Si el ángulo de inclinación es pequeño se demostrará más adelante que el eje de inclinación pasa por el centro de gravedad de las dos superficies de flotación, y que, por tanto, éste es común para ambas.

Plano de inclinación. Se llama plano de inclinación a un plano cualquiera que sea perpendicular al eje de inclinación.

Cuñas de inmersión y emersión. Cuando se produce una inclinación isocarena, a la parte del buque que entra en el agua se le llama cuña de inmersión y a la parte que sale del agua, cuña de emersión. Dicho de otro modo, son los volúmenes limitados por las flotaciones isocarenas y el casco del buque, (Fig. 8.1).

Flotaciones isoclinas. Superficies de flotación paralelas entre sí.

Zona o rebanada. Al volumen comprendido entre dos flotaciones paralelas o isoclinas, se le llama zona o rebanada isocarena, (Fig. 8.2).

Rebanadas isocarenas. Dos rebanadas son isocarenas cuando las flotaciones que las limitan son isoclinas e isocarenas, (Fig. 8.2).

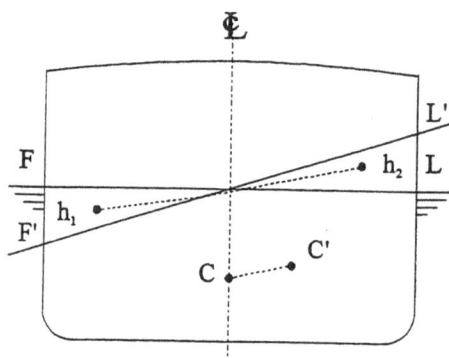

Fig. 8.1 Cuñas de inmersión y emersión

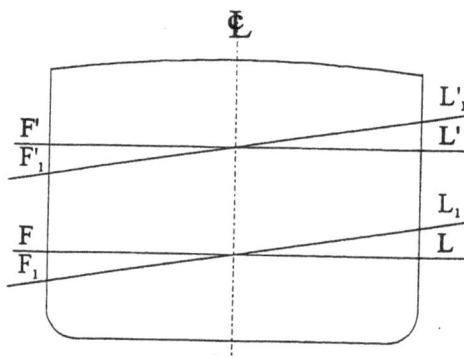

Fig. 8.2 Rebanadas o zonas isocarenas

8.2 Superficie y curvas "C"

Se llama superficie "C" al lugar geométrico de los infinitos centros de carena correspondientes a las infinitas flotaciones isocarenas que pueda tomar el buque para un desplazamiento determinado.

La curva "C" trayectoria, o curva "C", queda definida por las posiciones que toma el centro de carena de un buque al efectuar un giro de 360° con respecto a un mismo eje.

Tomando como plano de inclinación el que pasa por el centro de carena correspondiente a una posición cualquiera del buque, si se proyecta ortogonalmente la superficie "C" sobre este plano se obtendrán dos curvas, una de ellas sobre la propia superficie "C" y que coincide con la ya definida curva "C", y la otra sobre el plano de inclinación, que será la llamada curva "C" proyección.

Existen dos planos de inclinación típicos en el estudio de la Teoría del Buque que son el plano de inclinación transversal que queda definido por el eje de inclinación popa-proa y por el plano que pasa por el centro de carena de la posición de adrizado del buque, y el plano de inclinación longitudinal al que corresponde el eje de inclinación estribor-babor y el plano que pasa por la posición inicial del centro de carena.

8.3 Superficie y curvas "F"

A la superficie formada por los centros de gravedad de las flotaciones isocarenas se le llama superficie "F". De la misma forma que se ha hecho para el centro de carena, se pueden definir el plano de inclinación, la curva "F" y la curva "F" proyección.

8.4 Superficie y curvas "R"

Recibe la denominación de superficie "R" de una rebanada isocarena el lugar geométrico de los infinitos centros de gravedad correspondientes a las infinitas posiciones que pueda tomar la rebanada isocarena.

La curva "R" trayectoria, o curva "R", será la que queda formada por las posiciones del centro de gravedad de la rebanada al efectuar el buque un giro de 360° con respecto a un mismo eje de inclinación.

La curva "R" proyectada ortogonalmente sobre el plano de inclinación que pasa por el centro de gravedad de la rebanada correspondiente a una posición cualquiera del buque define sobre este plano la curva "R" proyección.

Planos de inclinación a tener en cuenta en el estudio de las rebanadas y curvas "R", son el transversal, para la posición de adrizado, y el longitudinal, coincidiendo con el plano diametral del buque.

8.5 Inclinaciones isocarenas. Teorema de Euler

Supóngase el buque adrizado, escora cero, y en aguas iguales, asiento cero, y tomando como planos de inclinación el transversal y el longitudinal, aunque también podría generalizarse para cualquier otro plano. La acción de una fuerza externa produciendo un momento que de lugar a una inclinación isocarena, se traduciría sobre los planos mencionados, en escora o asiento, respectivamente. Se va a demostrar que para inclinaciones pequeñas, la línea que define la intersección de las flotaciones isocarenas, eje de inclinación, pasa por el centro de gravedad de las superficies de ambas flotaciones. Adicionalmente supóngase, también, que los costados del barco en la zona próxima a la flotación son verticales, es decir, paralelos entre sí.

8.5.1 Plano de inclinación transversal

En la figura 8.3, las flotaciones FL y F_1L_1 son isocarenas y delimitan, conjuntamente con el casco, la cuña de emersión y la cuña de inmersión que tendrán el mismo volumen y serán simétricas con respecto a la línea central debido a la condición impuesta de costados verticales.

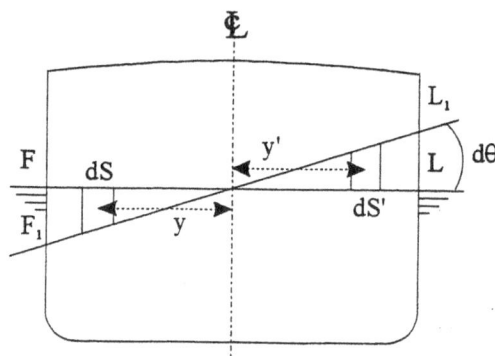

Fig. 8.3 Inclinaciones transversales isocarenas. Teorema de Euler

$$v_e = v_i \tag{8.1}$$

v_e volumen de emersión
v_i volumen de inmersión

Para determinar el volumen de las cuñas se supondrán formadas por volúmenes elementales, con la base sobre la flotación inicial, FL. Los valores de estos volúmenes elementales se calcularán multiplicando el área de la base por la altura, como se indica a continuación.

$$dv_e = dS \cdot y \cdot d\theta \tag{8.2}$$

$$dv_i = dS' \cdot y' \cdot d\theta \tag{8.3}$$

dv_e volumen elemental de la cuña de emersión
dv_i volumen elemental de la cuña de inmersión
dS área elemental (cuña de emersión)
dS' área elemental (cuña de inmersión)

$d\theta$ ángulo de escora

y, y' distancias desde el centro de gravedad de cada área elemental al eje de inclinación

El volumen de cada una de las cuñas será la suma de los volúmenes elementales, obteniéndose por integración sobre cada una de las superficies de las cuñas, tomadas sobre la superficie de flotación FL.

$$v_e = \int_S y \cdot d\theta \cdot dS = d\theta \int_S y \cdot dS \tag{8.4}$$

$$v_i = \int_{S'} y' \cdot d\theta \cdot dS' = d\theta \int_{S'} y' \cdot dS' \tag{8.5}$$

S   superficie de la cuña de emersión
S'   superficie de la cuña de inmersión

dado que

$$v_e = v_i$$

$$\int_S y \cdot dS = \int_{S'} y' \cdot dS'$$

siendo:

dS·y, dS'·y'   momentos de las áreas elementales con respecto al eje de inclinación

por tanto,

$$M_S = M_{S'}$$

M_S, MS'   momento del área de flotación de cada cuña con respecto al eje de inclinación

La suma de estos momentos será el momento total de la superficie de flotación, FL, con respecto al eje de inclinación.

$$M_S - M_{S'} = M_F = 0$$

$$M_F = S_F \cdot y_F$$

M_F momento de la flotación FL con respecto al eje de inclinación longitudinal
S_F superficie de la flotación FL
y_F brazo transversal

La expresión anterior indica que el brazo transversal debe ser cero, por tanto que el eje de inclinación debe pasar por el centro de gravedad, F, de la superficie de flotación.

Argumentando de igual forma para la flotación F_1L_1, se concluye que la línea de intersección de las flotaciones isocarenas, FL y F_1L_1, también debe pasar por el centro de gravedad de la flotación F_1L_1. En definitiva, para ángulos de escora pequeños, el centro de flotación, F, no modifica su posición transversal inicial.

8.5.2 Plano de inclinación longitudinal

Sobre el plano longitudinal la demostración del Teorema de Euler se hará de la misma forma; pero en su aplicación y conclusiones hay que tener en cuenta una consideración importante, como es que el buque no es simétrico longitudinalmente, lo cual hace más crítico el concepto de ángulo de inclinación longitudinal pequeño.

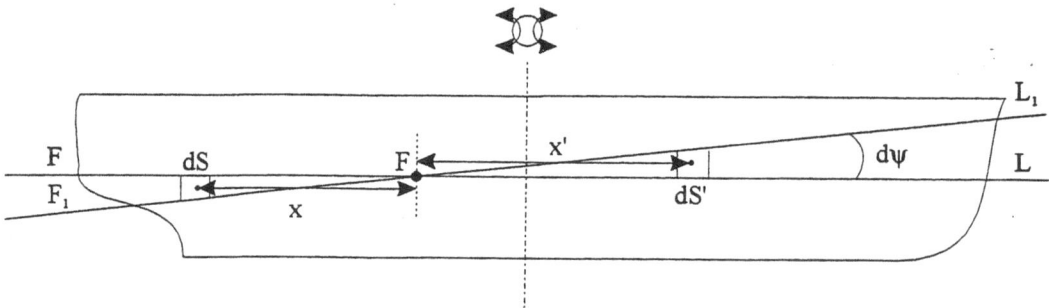

Fig. 8.4 Inclinaciones longitudinales. Teorema de Euler

Siguiendo, por tanto, los mismos pasos realizados para el plano transversal, en el plano de inclinación longitudinal será, (Fig. 8.4):

$$v_e = v_i$$

$$dv_e = dS \cdot x \cdot d\psi \tag{8.6}$$

$$dv_i = dS' \cdot x' \cdot d\psi \tag{8.7}$$

$$v_e = \int_S x \cdot d\psi \cdot dS = d\psi \int_S x \cdot dS \tag{8.8}$$

$$v_i = \int_{S'} x' \cdot d\psi \cdot dS' = d\psi \int_{S'} x' \cdot dS' \tag{8.9}$$

$$\int_S x \cdot dS = \int_{S'} x' \cdot dS'$$

$$M_S - M_{S'} = M_F = 0$$

$$M_F = S_F \cdot x_F$$

$$x_F = 0$$

v_e volumen de la cuña longitudinal de emersión
v_i volumen de la cuña longitudinal de inmersión
dv_e volumen elemental de la cuña de emersión
dv_i volumen elemental de la cuña de inmersión
dS área elemental (cuña de emersión)
dS' área elemental (cuña de inmersión)
$d\psi$ ángulo de inclinación longitudinal
x, x' distancias desde el centro de gravedad de cada área elemental al eje de inclinación
S superficie de flotación de la cuña de emersión
S' superficie de flotación de la cuña de inmersión
$dS \cdot x$ momento del área elemental con respecto al eje de inclinación
$dS' \cdot x'$ momento del área elemental con respecto al eje de inclinación
M_S momento del área de flotación de la cuña de emersión
$M_{S'}$ momento del área de flotación de la cuña de emersión
M_F momento de la flotación FL con respecto al eje de inclinación transversal
S_F área de la superficie de flotación
x_F brazo longitudinal

Por tanto, el eje de inclinación transversal pasa por el centro de gravedad, F, de la superficie de flotación. Nuevamente esto se demostraría para F_1L_1, llegando a la misma conclusión. Para ángulos de inclinación longitudinal pequeños, el comportamiento del buque es como si no se modificara la posición longitudinal de F, centro de gravedad de la superficie de flotación.

8.6 Propiedades del centro de flotación

A pesar de que ya han sido citadas, se hace una nueva referencia a las dos grandes propiedades del centro de flotación, pero en este caso desde el punto de vista de las definiciones dadas sobre flotaciones isocarenas y flotaciones isoclinas.

1. Para pequeños ángulos de inclinación, las flotaciones isocarenas se cortan según el eje de inclinación que pasa por el centro de gravedad de la superficie de flotación. Por tanto, el buque escora o cabecea según un eje longitudinal o transversal, respectivamente, que pasa por el centro de flotación.

2. Suponiendo un buque de costados verticales en la zona de la flotación, cuando se carga o descarga un peso pequeño en la vertical del centro de gravedad de la superficie de flotación, el buque tomará una flotación isoclina con respecto a la inicial.

8.7 Simetría transversal del buque

El plano diametral del buque es un plano de simetría; por tanto, las bandas de estribor y de babor del buque son simétricas, como ya se había citado. Tomando como plano de inclinación el transversal, las curvas "C", "F" y "R" serán simétricas con respecto a la línea central, aunque no estarán contenidas en este plano de inclinación transversal. Sin embargo, con respecto al plano de inclinación longitudinal, no habrá simetría en las curvas "C", "F" y "R", pero estarán contenidas en dicho plano, por ser el eje de inclinación perpendicular al plano de simetría.

8.8 Curvas hidrostáticas

Aquella información del buque que viene determinada por sus formas, y que es interesante a la hora de resolver los problemas de calados, escora y estabilidad, viene representada en las curvas hidrostáticas, (Apéndice I).

Las curvas se determinan en función de los calados de las diferentes flotaciones isoclinas. Cuando el asiento y la escora sean cero, se denominan flotaciones isoclinas rectas, y cuando tienen asiento, flotaciones isoclinas inclinadas. Si bien se podría hablar de inclinaciones longitudinales o transversales, estas últimas no suelen calcularse; es más, lo usual es que las hidrostáticas se basen en flotaciones isoclinas rectas. Tratándose de las curvas hidrostáticas se emplean también las denominaciones de carenas rectas y carenas inclinadas.

Las curvas hidrostáticas de los buques, mercantes principalmente, se suelen calcular, según lo dicho, para asiento cero y para la condición de adrizado. De modo que, para aquellas situaciones que no se correspondan con las del cálculo, se obtendrán datos aproximados, aunque, en la mayoría de los casos, suficientemente válidos. La aproximación de los datos estará en relación inversa con los valores de asiento y escora que tenga el buque en una condición de carga, es decir, cuanto menores sean éstos valores, mayor será el grado de aproximación.

En las curvas hidrostáticas se entra en ordenadas con el calado medio correspondiente a la vertical de F, por tanto, corregido por asiento en su caso, y en abscisas se encontrarán datos tales como:

Desplazamiento
Volumen sumergido
Área de la flotación
Área de la cuaderna maestra
Superficie mojada
$\boxtimes$F
KC
$\boxtimes$C
Toneladas por centímetro de inmersión
Momento unitario para variar el asiento 1 cm
Radio metacéntrico transversal
Radio metacéntrico longitudinal
Coeficientes de afinamiento
Etc.

Cada una de las curvas puede tener su escala, o utilizar una equivalencia entre el número de divisiones leídas en las abscisas y el valor que deben representar en cada caso. Las unidades utilizadas son toneladas y metros, salvo cuando se trata de las curvas de T_C, toneladas por centímetro, y Mu, momento unitario para variar el asiento un centímetro, este último en Tm x m / cm. Los coeficientes de afinamiento son adimensionales.

Finalmente, dos observaciones:

a) las curvas de las áreas de las flotaciones y de toneladas por centímetro, serán paralelas, y

b) la curva del volumen sumergido será, también, el desplazamiento del buque flotando en agua de densidad igual a uno.

8.9 Propiedad de la curva del volumen sumergido

El volumen sumergido, ∇, en función del calado, z, puede calcularse por la integral

$$\nabla = \int_0^z S \cdot dz \qquad (8.10)$$

siendo S el área de la superficie de flotación.

Calculando el volumen sumergido para diferentes calados se obtendrá la correspondiente curva, (Fig. 8.5). A partir de la ecuación anterior, se establece que,

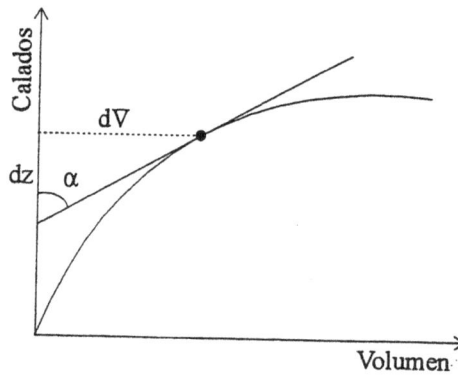

Fig. 8.5 Propiedad de la curva del volumen sumergido

$$d\nabla = S \cdot dz \qquad (8.11)$$

$$S = \frac{d\nabla}{dz} \qquad (8.12)$$

$$dz = \frac{d\nabla}{S} \qquad (8.13)$$

De la figura 8.5

$$tg \; \alpha = \frac{d\nabla}{dz} \qquad (8.14)$$

de lo que se deduce que,

$$tg \; \alpha \; = \; S \qquad\qquad (8.15)$$

En consecuencia, la tangente del ángulo α, cuyos lados son la tangente a un punto de la curva del volumen sumergido y el eje vertical, tiene por valor el área de la flotación del calado correspondiente al punto de tangencia.

9. Centro de carena

9.1 Fuerza de Arquímedes

La superficie mojada de un buque parado está afectada en cada punto por la presión del agua que actúa perpendicularmente sobre ella. La resultante de estas presiones es una fuerza igual en magnitud al peso del líquido que desaloja el volumen sumergido, y que actúa verticalmente hacia arriba, pasando por el centro de gravedad del volumen sumergido o centro de carena. Esta fuerza es el empuje vertical, conocida, también, como fuerza de Arquímedes. Esto es así ya que las resultantes longitudinal y transversal son nulas, debido a que las presiones actúan por igual, en los dos sentidos de cada una de ellas, sobre la superficie mojada.

El centro de carena es a la vez el centro de presión, punto de aplicación de la resultante de las presiones ejercidas sobre al casco sumergido, mientras que el empuje tendrá como punto de aplicación el centro de empuje vertical. En cualquier caso, dado que la resultante del empuje vertical pasa por el centro de carena y es perpendicular a la horizontal de la superficie del agua, se utilizará esta referencia para su trazado.

9.2 Cálculo del volumen sumergido

El cálculo del volumen sumergido se puede realizar a partir de las áreas de las flotaciones distanciadas un intervalo común, o a partir de las secciones transversales, también espaciadas un intervalo regular.

Cálculo del volumen sumergido a partir de las flotaciones

Supuesto el buque dividido verticalmente, desde la quilla hasta un calado determinado, en una serie de flotaciones equidistantes, la expresión para calcular el volumen sumergido será

$$\nabla = \int_0^z S \cdot dz \tag{9.1}$$

∇ volumen sumergido

z   calado

S   área de las flotaciones

siendo

$$S = 2 \int_{-E/2}^{+E/2} y \cdot dx \tag{9.2}$$

E   eslora

y   semimanga

substituyendo (9.2) en (9.1),

$$\nabla = 2 \int_0^z \int_{-E/2}^{+E/2} y \cdot dx \cdot dz \tag{9.3}$$

Cálculo del volumen sumergido a partir de las secciones transversales

Si el buque está dividido por secciones transversales, paralelas entre sí, distanciadas un intervalo común, y hasta un calado determinado, la expresión para calcular el volumen sumergido será, en este caso,

$$\nabla = \int_{-E/2}^{+E/2} \omega \cdot dx \tag{9.4}$$

ω área de las secciones transversales

$$\omega = 2 \int_o^z y \cdot dz \tag{9.5}$$

substituyendo (9.5) en (9.4),

$$\nabla = 2 \int\limits_{-E/2}^{+E/2} \int\limits_{0}^{z} y \cdot dz \cdot dx \qquad (9.6)$$

Las ecuaciones (9.6) y (9.3) son iguales, ya que difieren solamente en el orden de integración.

9.3 Coordenadas del centro de carena

Las coordenadas del centro de carena con respecto a los tres ejes principales son:

$$KC = z_c$$
$$\pounds C = y_c$$
$$\boxtimes C = x_c$$

Se utilizarán indistintamente estas dos maneras de referirse a las coordenadas.

Para obtener las coordenadas del centro de carena hay que calcular los momentos del volumen sumergido con respecto a los tres planos principales, (Fig. 9.1).

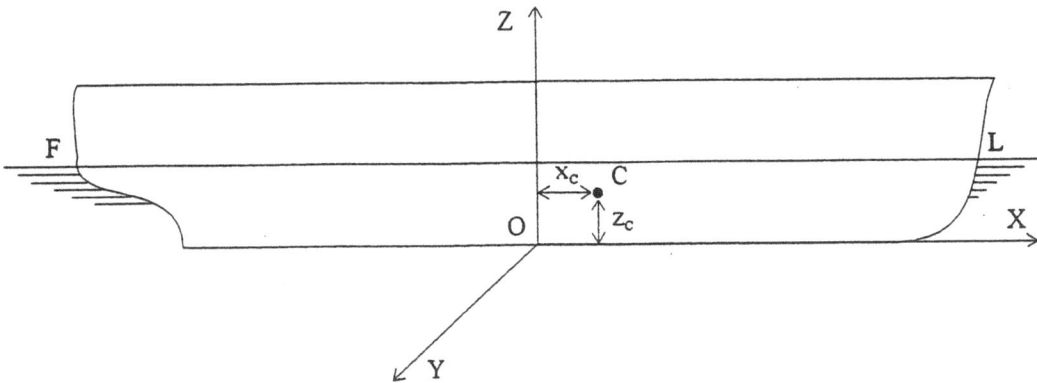

Fig. 9.1 Planos principales. Situación del centro de carena

Cálculo de KC = z_c

El momento del volumen sumergido con respecto al plano XOY, que coincide con el plano base, se obtendrá por la integral definida siguiente,

$$M_{xy} = \int\limits_{0}^{z} S \cdot z \cdot dz \qquad (9.7)$$

M_{xy} momento con respecto al plano base
S   área de las superficies de flotación
z   brazos verticales

Para obtener el valor del centro de carena sobre la quilla, se dividirá el momento vertical por el volumen sumergido

$$z_C = \frac{M_{xy}}{\nabla} \qquad (9.8)$$

$$z_C = \frac{\int\limits_{0}^{z} S \cdot z \cdot dz}{\int\limits_{0}^{z} S \cdot dz} \qquad (9.9)$$

En el supuesto de un buque de sección transversal del volumen sumergido, constante y de forma rectangular, el centro de carena se situará a la mitad del calado,

$$z_C = \frac{z}{2}$$

En el otro extremo, suponiendo una sección transversal constante y de forma triangular, el centro de carena estará a los 2/3 del calado

$$z_C = \frac{2}{3} z$$

Por tanto, para las formas de los buques, que quedarán situadas entre estas dos secciones extremas, el centro de carena tendrá un valor intermedio

$$\frac{z}{2} < z_C < \frac{2}{3} z$$

Cálculo de $CG = y_C$

Debido a la condición de simetría con respecto al plano diametral, para el buque adrizado, el valor del brazo transversal del centro de carena será,

$$M_{xz} = 0$$

$$y_C = 0$$

Cálculo de $\otimes C = x_C$

El momento del volumen sumergido con respecto al plano YOZ, que coincide con el plano de la cuaderna maestra, será,

$$M_{yz} = M_{\otimes} = \int_{-E/2}^{+E/2} \omega \cdot x \cdot dx \qquad (9.10)$$

M_{yz} momento con respecto al plano YOZ

ω área de las secciones transversales

x   brazos longitudinales

La sección longitudinal del centro de carena con respecto a la cuaderna maestra se obtendrá dividiendo el momento anterior por el volumen sumergido del buque.

$$x_C = \frac{M_{yz}}{\nabla} \qquad (9.11)$$

$$x_C = \frac{\displaystyle\int_{-E/2}^{+E/2} \omega \cdot x \cdot dx}{\displaystyle\int_{-E/2}^{+E/2} \omega \cdot dx} \qquad (9.12)$$

9.4 Curva de áreas de las flotaciones

Esta curva se representa sobre un sistema de ejes, en el cual las abscisas son áreas de las flotaciones y las ordenadas los valores de los calados, (Fig. 9.2). Las principales propiedades de esta curva son:

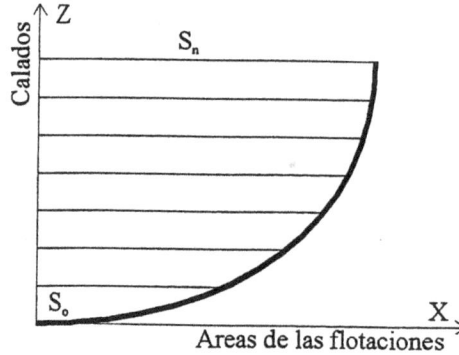

Fig. 9.2 Curva de áreas de las flotaciones

1. El área encerrada entre la curva de áreas de las flotaciones y la ordenada será el volumen sumergido del buque hasta un calado determinado.

$$\nabla = \int_{0}^{z} S \cdot dz$$

2. El coeficiente de afinamiento superficial del área de la curva equivale al coeficiente de afinamiento cilíndrico vertical.

$$\varphi_v = \frac{\nabla}{S_n \cdot z} = \frac{\delta}{\alpha}$$

3. La ordenada del centro de gravedad del área encerrada por la curva de flotaciones y el eje de calados representa el valor $KC = z_C$, del centro de carena sobre la quilla.

$$z_C = \frac{M_x}{\nabla}$$

$$z_c = \frac{\int_0^z S \cdot z \cdot dz}{\int_0^z S \cdot dz}$$

9.5 Curva de áreas de las secciones transversales

La curva de áreas de las secciones transversales se representa sobre una base que es la eslora del buque y en ordenadas las áreas de las secciones transversales, (Fig. 9.3). Las propiedades de esta curva son:

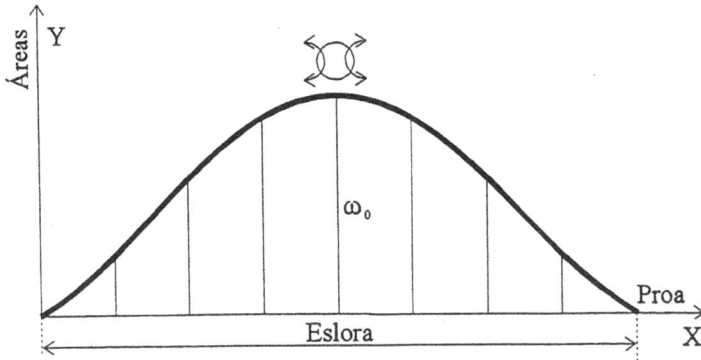

Fig. 9.3 Curva de las secciones transversales

1. El área encerrada entre la curva y la línea base representa el volumen sumergido del buque.

$$\nabla = \int_{-E/2}^{+E/2} \omega \cdot dx$$

2. El coeficiente de afinamiento superficial de la curva de secciones transversales es igual al coeficiente de afinamiento cilíndrico longitudinal.

$$\varphi = \frac{\nabla}{\omega_0 \cdot E} = \frac{\delta}{\beta}$$

3. La abscisa del centro de gravedad del área bajo la curva de las secciones transversales representa el valor de $\boxtimes C = x_C$, posición longitudinal del centro de carena del volumen sumergido con respecto a la cuaderna maestra.

$$x_C = \frac{M_\otimes}{\nabla}$$

$$x_C = \frac{\displaystyle\int_{-E/2}^{+E/2} \omega \cdot x \cdot dx}{\displaystyle\int_{-E/2}^{+e/2} \omega \cdot dx}$$

9.6 Propiedad de la curva z_C del centro de carena

La posición vertical del centro de carena se calcula por la ecuación,

$$z_C = \frac{M_{xy}}{\nabla} \tag{9.13}$$

realizando la operación para diferentes calados se obtendrá la curva de brazos verticales de los centros de carena.

La propiedad de la curva z_C, es que siempre es creciente, (Fig. 9.4).

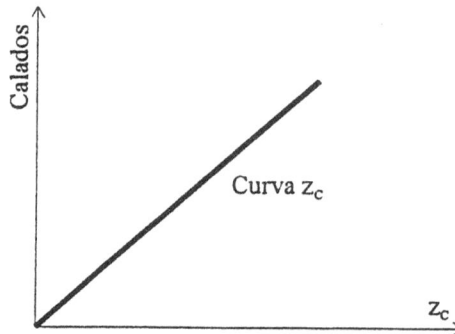

Fig. 9.4 Curva z_C

Derivando z_C con respecto al calado z,

$$\frac{dz_C}{dz} = \frac{\frac{dM_{xy}}{dz} \cdot \nabla - M_{xy} \cdot \frac{d\nabla}{dz}}{\nabla^2} \qquad (9.14)$$

De la ecuación 9.13 se deduce, también

$$M_{xy} = \nabla \cdot z_C \qquad (9.15)$$

siendo el momento, M_{xy}

$$M_{xy} = \int_0^z S \cdot z \cdot dz$$

cuya diferencial es,

$$dM_{xy} = S \cdot z \cdot dz$$

$$\frac{dM_{xy}}{dz} = S \cdot z \qquad (9.16)$$

De la ecuación

$$\nabla = \int_0^z S \cdot dz$$

$$d\nabla = S \cdot dz$$

$$\frac{d\nabla}{dz} = S \qquad (9.17)$$

Substituyendo en la ecuación 9.14,

$$\frac{dz_C}{dz} = \frac{S \cdot z \cdot \nabla - \nabla \cdot z_c \cdot S}{\nabla^2}$$

$$\frac{dz_C}{dz} = \frac{S}{\nabla} \, (z - z_c) \tag{9.18}$$

El calado, representado por z, será siempre mayor que la posición vertical del centro de carena z_C para este calado. Por tanto, la curva de valores z_C siempre será creciente.

A partir de las ecuaciones 9.18 y 9.17, se llega al valor del movimiento vertical del centro de carena debido a una variación infinitesimal del volumen sumergido.

$$dz_C = \frac{d\nabla}{\nabla} \, (z - z_c) \tag{9.19}$$

9.7 Propiedad de la curva x_C del centro de carena

Calculando los valores de x_C, brazo longitudinal del centro de carena del buque, correspondiente a los diferentes calados del mismo, se obtendrá su curva. Si consideramos, además, la curva de posiciones longitudinales del centro de flotación para los diferentes calados, $\boxtimes F = x_F$, se podrá enunciar la propiedad siguiente:

El punto de intersección de ambas curvas, x_C y x_F, corresponde a un valor extremo de x_C, es decir, es un punto de tangencia vertical con respecto a la curva x_C. Debe cumplirse, por tanto, la condición que este punto de x_C, sea un máximo o un mínimo, (Fig. 9.5).

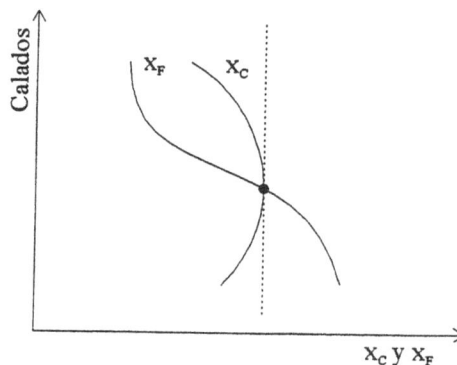

Fig. 9.5 Curvas x_C y x_F

$$\frac{dx_C}{dz} = 0 \tag{9.20}$$

A partir de la ecuación

$$x_C = \frac{M_{yz}}{\nabla} \tag{9.21}$$

y derivando con respecto al calado, z,

$$\frac{dx_C}{dz} = \frac{\dfrac{dM_{yz}}{dz} \cdot \nabla - M_{yz} \cdot \dfrac{d\nabla}{dz}}{\nabla^2} \tag{9.22}$$

Dado que interesa trabajar con respecto a la variable z, M_{yz} podrá obtenerse dividiendo el volumen sumergido en superficies de flotación, y realizando el siguiente planteamiento

$$M_{yz} = \int_{0}^{z} M_y \cdot dz$$

M_y momento de la superficie de flotación con respecto al eje OY, (Fig. 9.1),

$$dM_{yz} = M_y \cdot dz$$

$$\frac{dM_{yz}}{dz} = M_y = S \cdot x_F \tag{9.23}$$

por otra parte, de la ecuación 9.21,

$$M_{yz} = \nabla \cdot x_C \tag{9.24}$$

y de la ecuación 9.1,

$$d\nabla = S \cdot dz$$

$$S = \frac{d\nabla}{dz} \qquad\qquad (9.25)$$

Substituyendo en la ecuación 9.22,

$$\frac{dx_C}{dz} = \frac{S \cdot x_F \cdot \nabla - \nabla \cdot x_C \cdot S}{\nabla^2}$$

$$\frac{dx_C}{dz} = \frac{S}{\nabla}\,(x_F - x_C) \qquad\qquad (9.26)$$

Para que se cumpla la condición inicial, (Ec. 9.20), deberá verificarse que

$$x_F - x_C = 0$$

Por tanto, en el punto de intersección de las curvas x_F y x_C, la curva x_C tiene un máximo o un mínimo.

Teniendo en cuenta las ecuaciones 9.25 y 9.26, e introduciendo la primera en la segunda, se obtendrá la siguiente relación,

$$dx_C = \frac{d\nabla}{\nabla}\,(x_F - x_C) \qquad\qquad (9.27)$$

que expresa el movimiento longitudinal del centro de carena debido a un incremento infinitesimal del volumen sumergido.

9.8 Variación del centro de carena debido a un incremento infinitesimal del volumen sumergido

La condición que se impone en este estudio es que no se produzcan efectos de escora ni alteración, es decir, cambio de asiento, en los calados.

Las variaciones vertical y longitudinal del centro de carena a cuasa de un incremento infinitesimal en el volumen sumergido, vienen expresadas en las ecuaciones 9.19 y 9.27, respectivamente.

$$dz_C = \frac{d\nabla}{\nabla} (z - z_C)$$

$$dx_C = \frac{d\nabla}{\nabla} (x_F - x_C)$$

Si este incremento de volumen es producido por la carga de un peso infinitesimal, pasando los volúmenes a desplazamientos, se obtendrán las dos ecuaciones siguientes:

$$dz_C = \frac{dD}{D} (z - z_C) \tag{9.28}$$

$$dx_C = \frac{dD}{D} (x_F - x_C) \tag{9.29}$$

9.9 Variación del centro de carena debido a la carga de un peso

Se sigue con los mismos criterios, es decir, que no se produzcan escora ni alteración de los calados. Lo que sí habrá será inmersión paralela, producida por la carga del peso.

Para calcular el nuevo calado final, distinguiremos entre peso pequeño y peso grande, para plantear la solución de forma diferente para cada uno de ellos.

1. En el caso de peso pequeño, la inmersión se calculará en función de las toneladas por centímetro, utilizando la fórmula

$$I = \delta z = \frac{P}{Tc}$$

2. Si el peso fuera grande, es mejor realizar el cálculo del calado a través del nuevo desplazamiento, D+p, y con este dato se entra en las curvas hidrostáticas para obtener el calado correspondiente.

Los movimientos vertical y longitudinal del centro de carena se puede calcular tomando momentos con respecto a los ejes principales, o con respecto a ejes paralelos a los principales, que tengan como origen el centro de carena de la condición inicial.

Antes de empezar su cálculo, se hallan las coordenadas del centro de gravedad de la zona o rebanada correspondiente al incremento de volumen, (Fig. 9.6). La posición vertical será el calado inicial más la mitad de la inmersión, mientras que la posición longitudinal con respecto a la cuaderna maestra coincidirá con el mismo valor del centro de flotación. En el caso de que el centro de flotación del calado inicial y del calado final fueran sensiblemente diferentes, se puede promediar entre estos dos valores. Por tanto, el brazo vertical de la rebanada con respecto a la quilla será,

$$z + \frac{\delta z}{2}$$

y el brazo longitudinal con respecto a la cuaderna maestra

$$x_F$$

o, en su caso

$$\frac{x_{F'} + x_F}{2}$$

aunque no suele ser necesaria esta aproximación, tratándose de pesos pequeños.

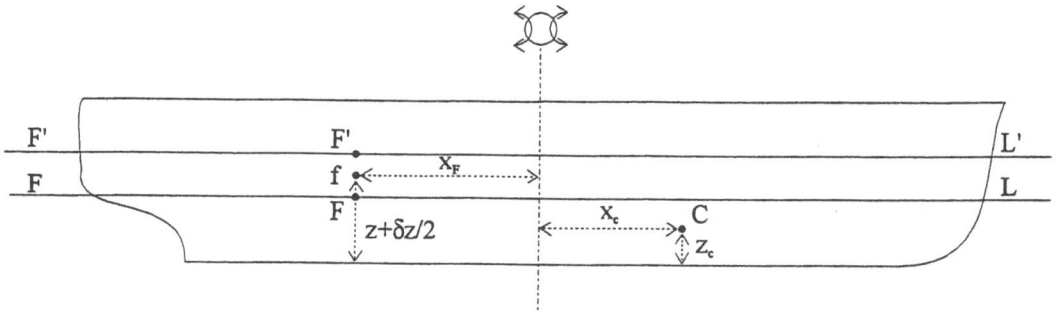

Fig. 9.6 Centro de gravedad de la rebanada

Variación del centro de carena tomando momentos con respecto a la línea base y a la cuaderna maestra

1. Cálculo de z_C.

$$(\nabla + \delta\nabla) \cdot z_{C'} = \nabla \cdot z_C + \delta\nabla \left(z + \frac{\delta z}{2}\right)$$

$$z_{C'} = z_C + \delta z_C$$

$$(\nabla + \delta\nabla) \cdot (z_C + \delta z_C) = \nabla \cdot z_C + \delta\nabla \left(z + \frac{\delta z}{2} \right)$$

resolviendo para δz_C

$$\delta z_C = \frac{\delta\nabla}{\nabla + \delta\nabla} \left(z + \frac{\delta z}{2} - z_C \right) \tag{9.30}$$

y multiplicando por la densidad

$$\delta z_C = \frac{p}{D + p} \left(z + \frac{\delta z}{2} - z_C \right) \tag{9.31}$$

Si el peso fuera infinitesimal, despreciando p en (D+p) y $\delta z/2$, la ecuación anterior se convertiría en la equivalente a la ecuación 9.28, del apartado anterior.

$$\delta z_C = \frac{p}{D} (z - z_C) \tag{9.32}$$

2. Cálculo de $x_{C'}$

$$x_{C'} = x_C + \delta x_C$$

$$(\nabla + \delta\nabla) \cdot (x_C + \delta x_C) = \nabla \cdot x_C + \delta\nabla \cdot x_F$$

resolviendo para δx_C y multiplicando por la densidad

$$\delta x_C = \frac{\delta\nabla}{\nabla + \delta\nabla} (x_F - x_C) \tag{9.33}$$

$$\delta x_C = \frac{p}{D + p} (x_F - x_C) \tag{9.34}$$

En el caso de que el peso fuera infinitesimal se podrá despreciar p en el valor $(D+p)$, resultando una ecuación equivalente a la 9.29.

$$\delta x_C = \frac{p}{D} (x_F - x_C) \tag{9.35}$$

Variación del centro de carena tomando momentos con respecto a unos ejes que pasen por el centro de carena inicial

El esquema para llegar a las ecuaciones para calcular el movimiento vertical y el longitudinal se hará de acuerdo con el seguido con respecto a los ejes principales.

1. Cálculo de δz_C

$$(\nabla + \delta\nabla) \cdot \delta z_C = \nabla \cdot 0 + \delta\nabla \left(z + \frac{\delta z}{2} - z_C \right)$$

$$\delta z_C = \frac{\delta\nabla}{\nabla + \delta\nabla} \left(z + \frac{\delta z}{2} - z_C \right) \tag{9.36}$$

$$\delta z_C = \frac{p}{D + p} \left(z + \frac{\delta z}{2} - z_C \right) \tag{9.37}$$

que en el caso de un peso infinitesimal, se reducirá a,

$$\delta z_C = \frac{p}{D} (z - z_C) \tag{9.38}$$

como ya se ha visto anteriormente.

2. Cálculo de δx_C

$$(\nabla + \delta\nabla) \cdot \delta x_C = \nabla \cdot 0 + \delta\nabla (x_F - x_C)$$

$$\delta x_C = \frac{\delta\nabla}{\nabla + \delta\nabla} (x_F - x_C) \tag{9.39}$$

$$\delta x_C = \frac{p}{D + p} (x_F - x_C)$$ (9.40)

y cuando p tenga un valor infinitesimal,

$$\delta x_C = \frac{p}{D} (x_F - x_C)$$ (9.41)

En el caso de un peso grande, y para las condiciones de buque sin escora, y asiento el mismo que el utilizado para calcular las curvas hidrostáticas, entrando en las mismas con el desplazamiento una vez cargado el peso, o con el calado medio final, en las curvas correspondientes se obtendrán los valores de z_C y x_C, o lo que es lo mismo KC y ℂC, siendo

$$\delta z = z' - z$$

$$\delta z_C = z_{C'} - z_C$$

$$\delta x_C = x_{C'} - x_C$$

9.10 Cálculo del movimiento del centro de carena debido al cambio de densidad

Se ha visto que un cambio en la densidad (γ) del agua produce un cambio en la ecuación

$$D = \nabla \cdot \gamma$$

y que, continuando constante el desplazamiento, el paso de mayor a menor densidad comporta un aumento del volumen sumergido, y, por tanto, del calado. El efecto producido sobre el calado sería al contrario, es decir, disminuiría, al pasar de menor a mayor densidad. Entonces, el volumen sumergido es el parámetro variable con la densidad, y que llevará a la modificación que se produce en el calado. De la ecuación anterior,

$$\nabla = \frac{D}{\gamma}$$ (9.42)

El diferencial de esta ecuación será

$$d\nabla = -D \cdot \frac{d\gamma}{\gamma^2} \tag{9.43}$$

Se conoce que

$$d\nabla = S \cdot dz \tag{9.44}$$

igualando las dos últimas ecuaciones

$$S \cdot dz = -D \cdot \frac{d\gamma}{\gamma^2}$$

$$dz = -\frac{D}{S} \cdot \frac{d\gamma}{\gamma^2} \tag{9.45}$$

Recordando la ecuaciones 9.18 y 9.27,

$$\frac{dz_C}{dz} = \frac{S}{\nabla} (z - z_C)$$

$$\frac{dx_C}{dz} = \frac{S}{\nabla} (x_F - x_C)$$

e introduciendo en cada una de ellas la ecuación 9.45, se obtendrán los valores del movimiento vertical y longitudinal del centro de carena, debido al cambio de densidad. El procedimiento, para el movimiento vertical, dz_C, será el siguiente,

$$dz_C = -\frac{D}{S} \cdot \frac{d\gamma}{\gamma} \cdot \frac{S}{D} (z - z_C)$$

$$dz_C = -\frac{d\gamma}{\gamma} (z - z_C) \tag{9.46}$$

y para el movimiento longitudinal, dx_C,

$$dx_C = -\frac{D}{S} \cdot \frac{d\gamma}{\gamma} \cdot \frac{S}{D} (x_F - x_C)$$

$$dx_C = -\frac{d\gamma}{\gamma}(x_F - x_C) \tag{9.47}$$

9.11 Efectos del traslado de un peso sobre el centro de carena

Se tratarán el traslado transversal y longitudinal; por consiguiente, el estudio se realizará sobre la sección transversal y sobre el plano longitudinal.

9.11.1 Sección transversal

Supóngase una escora isocarena, dando lugar a las cuñas de emersión y de inmersión, (Fig. 9.7). Los centros de gravedad de las cuñas son h_1 y h_2, y el centro de carena se mueve paralelamente a ellas. El valor de CC' se obtendrá estableciendo la ecuación de equilibrio,

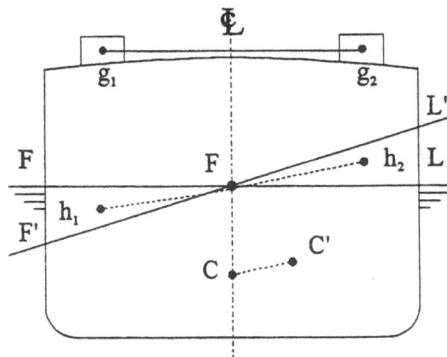

Fig. 9.7 Efecto sobre el centro de carena del traslado transversal de un peso

$$\nabla \cdot CC' = v_c \cdot h_1 h_2 \tag{9.48}$$

v_c volumen de una cuña (se recuerda que ambas tienen el mismo volumen)

$h_1 h_2$ brazo entre centros de gravedad de las cuñas

$$CC' = \frac{v_c \cdot h_1 h_2}{\nabla} \qquad\qquad (9.49)$$

Tratándose de un buque de costados verticales, y dada la simetría del buque con respecto al plano diametral, las cuñas además de tener el mismo volumen tendrán formas prácticamente simétricas. Para pequeñas escoras el valor del brazo $h_1 h_2$ será muy aproximadamente

$$Fh_1 \approx \frac{2}{3} \cdot \frac{M}{2} = \frac{M}{3}$$

dado que las secciones transversales de las cuñas son triángulos rectángulos, en cuyo caso el centro de gravedad está situado a los dos tercios de la mediana, el valor aproximado del brazo $h_1 h_2$, será

$$h_1 h_2 \approx \frac{2}{3} \cdot M$$

9.11.2 Plano longitudinal

De la misma manera se obtendrá el movimiento del centro de carena producido por una inclinación isocarena o equivolumen longitudinal, (Fig. 9.8). Dado que en las figuras 9.7 y 9.8 se utiliza la misma nomenclatura, la ecuación de equilibrio se escribirá de la misma forma; no obstante, los valores de los brazos que intervienen como se aprecia en las figuras son completamente diferentes. La ecuación del movimiento del centro de carena sobre el plano longitudinal es

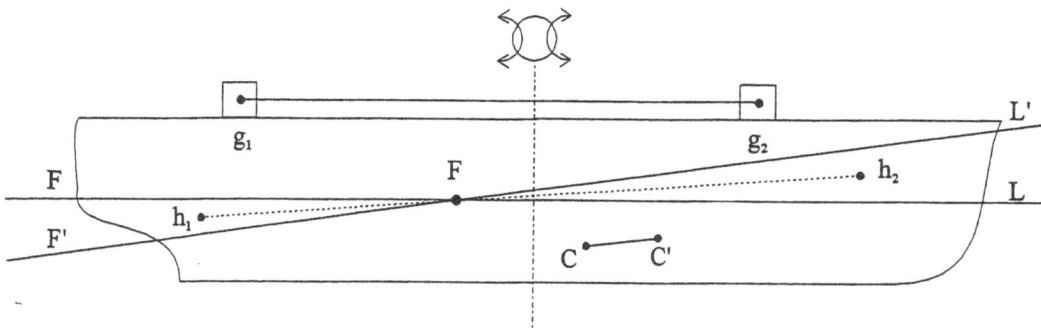

Fig. 9.8 Efecto sobre el c. de c. del traslado longitudinal de un peso

$$CC' = \frac{v_c \cdot h_1 h_2}{\nabla}$$

Los volúmenes de ambas cuñas, inmersión y emersión, son iguales, pero al no existir simetría longitudinal, son geométricamente diferentes.

9.12 Movimiento del centro de carena debido a una inclinación isocarena

Para una inclinación isocarena o equivolumen del buque, el valor del volumen sumergido no varía, pero cambia su forma. En consecuencia el centro de carena se moverá. El estudio se particulariza a una inclinación transversal con respecto a un eje longitudinal, y a una inclinación longitudinal con respecto a un eje transversal. Los ejes pasarán por el centro de flotación, F.

En lugar de demostrar la fórmula general para cualquier eje, se opta, como se ha indicado, por los casos particulares transversal y longitudinal debido a su gran importancia en el estudio de la estabilidad del buque.

La inclinación isocarena producirá las cuñas de inmersión y emersión, siendo h_1 y h_2 los centros de gravedad de las mismas. El efecto, por tanto, es el de un traslado. Aplicando el teorema de los momentos, el centro de carena se moverá paralelamente y en el mismo sentido que la línea que une los centros de gravedad de las cuñas. La ecuación de equilibrio será

$$\nabla \cdot CC' = v_c \cdot h_1 h_2 \tag{9.50}$$

Dado que el centro de flotación es el punto por el cual pasan los ejes de giro, se establecerá un sistema de coordenadas x, y, z, paralelas al sistema X, Y, Z, conocido, pero con su origen en F. Los tres planos en el espacio serán (Fig. 9.9):

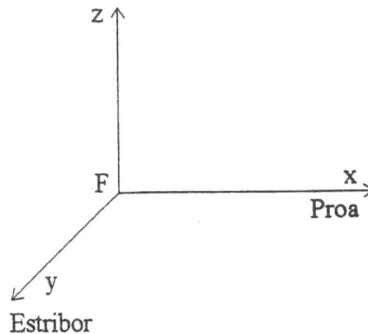

Fig. 9.9 Planos de referencia tomando como origen F, centro de flotación

yFz   plano transversal
xFz   plano longitudinal
xFy   plano de la flotación

9.12.1 Inclinación isocarena transversal alrededor de un eje longitudinal

Para hallar el volumen de una cuña, se supondrá formada por volúmenes elementales prismáticos, siendo su valor (Fig. 9.10),

$$dv = y \cdot d\theta \cdot dS \qquad (9.51)$$

dv   volumen elemental
dS   área elemental
y   brazo transversal entre el c. de g. del volumen elemental y la ₵
$d\theta$ ángulo de inclinación transversal

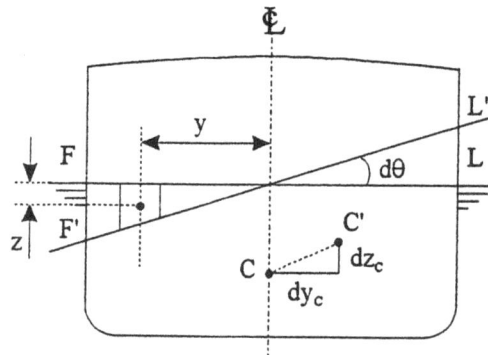

Fig. 9.10 Movimiento del c. de c. debido a una inclinación isocarena transversal

Los brazos desde el centro de gravedad del volumen elemental a los tres planos de referencia serán

x   brazo del centro de gravedad del volumen elemental al plano yFz
y   brazo del centro de gravedad del volumen elemental al plano xFz
$z = \frac{1}{2} \cdot y \cdot d\theta$ brazo del centro de gravedad del volumen elemental al plano xFy

Los momentos elementales se obtendrán multiplicando los volúmenes elementales por los correspondientes brazos,

$$dM_{yz} = y \cdot d\theta \cdot dS \cdot x \tag{9.52}$$

$$dM_{xz} = y \cdot d\theta \cdot dS \cdot y \tag{9.53}$$

$$dM_{xy} = y \cdot d\theta \cdot dS \cdot \frac{1}{2} y \cdot d\theta \tag{9.54}$$

Integrando estos momentos elementales sobre la superficie de flotación, S, la cual está sobre al plano xFy,

$$M_{yz} = d\theta \int_{S} x \cdot y \cdot dS \tag{9.55}$$

$$M_{xz} = d\theta \int_{S} y^2 \cdot dS \tag{9.56}$$

$$M_{xy} = \frac{(d\theta)^2}{2} \int_{S} y^2 \cdot dS \tag{9.57}$$

Según la ecuación de equilibrio

$$\nabla \cdot dx_C = d\theta \int_{S} x \cdot y \cdot dS \tag{9.58}$$

$$\nabla \cdot dy_C = d\theta \int_{S} y^2 \cdot dS \tag{9.59}$$

$$\nabla \cdot dz_C = \frac{(d\theta)^2}{2} \int_{S} y^2 \cdot dS \tag{9.60}$$

dx_C movimiento longitudinal del centro de carena
dy_C movimiento transversal del centro de carena
dz_C movimiento vertical del centro de carena

Los valores de las integrales son los momentos de inercia de la superficie de flotación con respecto a los ejes x, y,

$$\int_{S} y^2 \cdot dS = I_x$$

I_x inercia transversal de la superficie de flotación, S, con respecto al eje longitudinal x, que pasa por F.

$$\int_S x \cdot y \cdot dS = I_{xy} = I_{xf} = 0$$

$I_{xy}=I_{xf}$ producto de inercia rectangular de la superficie de flotación, S, con respecto a los ejes, x, y, que pasan por F.

Este producto de inercia rectangular será cero, puesto que los ejes x, y, son principales y pasan por el centro de gravedad de la superficie.

De lo cual se deduce que

$$dx_C = \frac{I_{xf}}{\nabla} \cdot d\theta = 0$$

$$dy_C = \frac{I_x}{\nabla} \cdot d\theta$$

$$dz_C = \frac{I_x}{\nabla} \cdot \frac{(d\theta)^2}{2} = \frac{1}{2} d\theta \cdot dy_C$$

9.12.2 Inclinación isocarena longitudinal alrededor de un eje transversal

Por un procedimiento análogo se hallará el movimiento del centro de carena debido a una inclinación isocarena longitudinal alrededor de un eje transversal, que pasa por F, (Fig. 9.11),

El volumen elemental prismático de la cuña se determinará por

$$dv = x \cdot d\psi \cdot dS \tag{9.61}$$

dv   volumen elemental
dS   área elemental
x   distancia longitudinal entre el c. de g. del volumen elemental y F
dψ ángulo de inclinación longitudinal

Los brazos desde el centro de gravedad del volumen elemental a los tres planos de referencia serán

x   brazo del centro de gravedad del volumen elemental al plano yFz

y   brazo del centro de gravedad del volumen elemental al plano xFz

$z = \frac{1}{2} \cdot x \cdot d\Psi$ brazo del centro de gravedad del volumen elemental al plano xFy

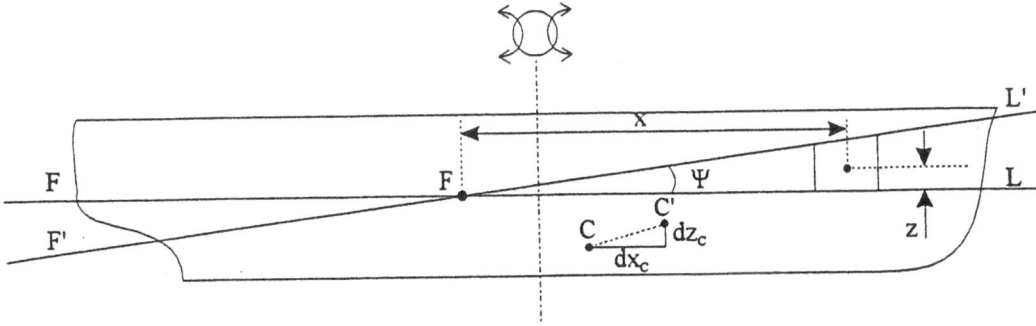

Fig. 9.11 Movimiento del c. de c. debido a una inclinación isocarena longitudinal

A continuación se hallan los momentos elementales a los tres planos de referencia.

$$dM_{yz} = x \cdot d\psi \cdot dS \cdot x \tag{9.62}$$

$$dM_{xz} = x \cdot d\psi \cdot dS \cdot y \tag{9.63}$$

$$dM_{xy} = x \cdot d\psi \cdot dS \cdot \frac{1}{2} x \cdot d\psi \tag{9.64}$$

Integrando estos momentos elementales para obtener los totales sobre cada plano,

$$M_{yz} = d\psi \int_S x^2 \cdot dS \tag{9.65}$$

$$M_{xz} = d\psi \int_S x \cdot y \cdot dS \tag{9.66}$$

$$M_{xy} = \frac{(d\psi)^2}{2} \int_S x^2 \cdot dS \tag{9.67}$$

De la ecuación de equilibrio,

$$\nabla \cdot dx_C = d\psi \int_S x^2 \cdot dS \tag{9.68}$$

$$\nabla \cdot dy_C = d\psi \int_S x \cdot y \cdot dS \tag{9.69}$$

$$\nabla \cdot dz_C = \frac{(d\psi)^2}{2} \int_S x^2 \cdot dS \tag{9.70}$$

dx_C movimiento longitudinal del centro de carena
dy_C movimiento transversal del centro de carena
dz_C movimiento vertical del centro de carena

Los valores de las integrales son,

$$\int_S x^2 \cdot dS = I_f$$

I_f inercia longitudinal de la superficie de flotación, S, con respecto a un eje transversal que pasa por F

$$\int_S x \cdot y \cdot dS = I_{xy} = I_{xf} = 0$$

$I_{xy}=I_{xf}$ producto de inercia rectangular de la superficie de flotación, S, con respecto a los ejes x, y, que pasan por F

Como ya se ha indicado antes, el producto de inercia rectangular será cero.

Finalmente, se obtienen las ecuaciones del movimiento del centro de carena, debido a una inclinación longitudinal isocarena.

$$dx_C = \frac{I_f}{\nabla} \cdot d\psi$$

$$dy_C = \frac{I_{xf}}{\nabla} \cdot d\psi = 0$$

$$dz_C = \frac{I_f}{\nabla} \cdot \frac{(d\psi)^2}{2} = \frac{1}{2} \, d\psi \cdot dx_C$$

10 Estabilidad inicial

10.1 Estabilidad. Equilibrio

La estabilidad es la capacidad del buque de volver a su posición de equilibrio, al cesar la fuerza externa que lo había apartado del mismo. Para acotar el ámbito de esta definición se considera el buque parado y que el movimiento producido por la fuerza exterior es pequeño.

Para que exista equilibrio se deben dar las dos condiciones siguientes: desplazamiento igual a empuje, y centro de gravedad del buque y centro de carena en la misma vertical.

Atendiendo a la definición dada de estabilidad, el equilibrio del buque puede ser *estable* o *no estable*. Es decir, o el buque tiene la capacidad de recuperar la posición inicial de equilibrio, y, por tanto, será estable, o no tiene esta capacidad, y entonces, será no estable. Dentro del equilibrio no estable tienen cabida las típicas denominaciones de equilibrios indiferente e inestable.

Analizando cada una de las tres posibilidades se dirá que un buque tiene *equilibrio estable* cuando, al ser desviado de su posición de equilibrio por una fuerza momentánea, una vez haya cesado ésta, recuperará su posición inicial. Si el buque tiene *equilibrio inestable*, la tendencia será la de apartarse más de la posición de equilibrio, y si tiene *equilibrio indiferente*, permanecerá en la posición en la que le haya dejado la fuerza momentánea. Se insiste en que estos dos últimos modos de equilibrio, inestable o indiferente, desde el punto de vista de la estabilidad del buque, se consideran no estables.

10.2 Grados de libertad del buque

Un buque parado tiene seis grados de libertad: tres de traslación y tres de rotación.

Los tres movimientos de traslación,   (Fig. 10.1), se realizan a lo largo de los ejes X, Y, Z, denominándose movimientos de traslación longitudinal, transversal y vertical, respectivamente. El buque tiene equilibrio indiferente, no estable, para los movimientos de traslado longitudinal y transversal. Estos es así porque no modifican ninguna de las condiciones de equilibrio. En el movimiento vertical el equilibrio es estable, dado que si varía el volumen sumergido y, por tanto, el empuje, la tendencia clara del buque es la de recuperar la flotación inicial, es decir, volver a la condición de equilibrio igualando desplazamiento y empuje.

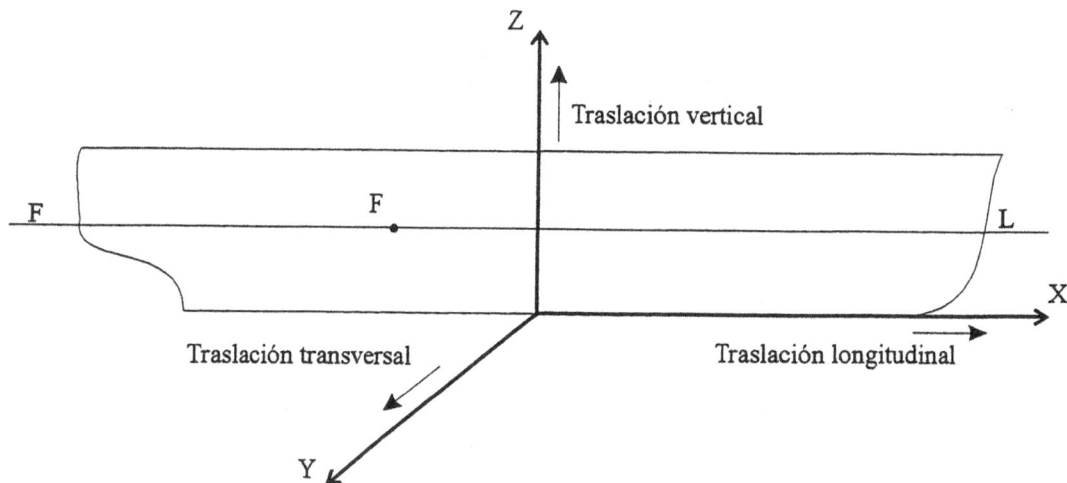

Fig. 10.1 Movimientos de traslación

Los tres movimientos de rotación, (Fig. 10.2), se efectuarán con respecto a tres ejes, x, y, z, paralelos a los X, Y, Z, del sistema principal de coordenadas, teniendo su origen en F, centro de flotación, cuyas propiedades ya han sido estudiadas. Los tres movimientos de giro se denominan balance, cabeceo y guiñada.

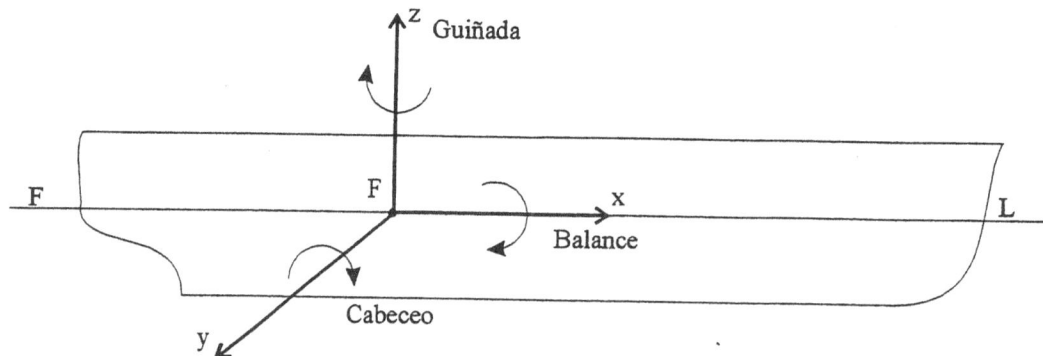

Fig. 10.2 Movimientos de rotación

Balance. Movimiento de rotación alrededor del eje longitudinal, x. En el balance se modifica la forma del volumen sumergido y, en consecuencia, la posición del centro de carena, con lo que queda afectada la segunda condición de equilibrio, centro de gravedad y centro de carena en la misma vertical. El equilibrio puede ser estable o no estable, dando lugar al estudio de la estabilidad transversal del buque.

Cabeceo. Movimiento de rotación alrededor del eje transversal, y. Al igual que ocurre con el balance, el volumen sumergido modifica su forma con el consiguiente movimiento del centro de carena, afectando a la segunda condición de equilibrio. El equilibrio resultante puede ser estable o no estable, aunque este último no se da en la práctica. Su estudio se realiza en la estabilidad longitudinal del buque.

Guiñada. Movimiento de rotación alrededor del eje vertical, z. No varían ninguna de las condiciones de equilibrio; por tanto, el equilibrio es indiferente, y en consecuencia será no estable.

10.3 Clasificación de la estabilidad

De lo visto en el apartado anterior, se desprende una clasificación lógica de la estabilidad del buque:

a) Estabilidad transversal
b) Estabilidad longitudinal

En función del valor del ángulo de inclinación, el planteamiento de su estudio difiere notablemente. La fuerza exterior puede producir un balance pequeño, el cual, dentro de las características de la forma de la carena, permite un estudio menos complejo que cuando la escora, a la que de lugar, sea grande. Tratándose de cabeceo, el ángulo de inclinación longitudinal en la práctica siempre es pequeño. Una segunda clasificación en base a estos argumentos es:

a) Estabilidad transversal inicial
b) Estabilidad transversal para grandes escoras
c) Estabilidad longitudinal inicial

Para el estudio de la estabilidad se supone la superficie de la mar sin perturbaciones; por lo tanto, la superficie será horizontal, mar llana. A su vez, el estudio puede realizarse para una situación estática o dinámica del buque. Teniendo en cuenta la referencia hecha de la estabilidad longitudinal en cuanto a su campo de aplicación, restringido a la estabilidad inicial, a los efectos de lo que se pretende en este libro tampoco será de interés el estudio de su estabilidad dinámica.

Agrupando las diferentes posibilidades citadas, obtendremos, finalmente, la siguiente clasificación:

a) Estabilidad estática transversal
    i) inicial
    ii) grandes escoras

b) Estabilidad estática longitudinal inicial

c) Estabilidad dinámica transversal

10.4 Metacentro transversal

Partiendo de una situación de equilibrio, al producirse una escora infinitesimal, trazando las fuerzas de empuje vertical que pasan por los centros de carena inicial y final, éstas se cortarán en un punto denominado metacentro. Si la situación de equilibrio inicial corresponde al buque adrizado, la línea de empuje para esta condición coincidirá con la línea central, (Fig. 10.3), y el metacentro, situado sobre ella, recibe el nombre de metacentro transversal inicial, M. A efectos prácticos, dentro de los primeros grados de escora, las líneas de empuje pasarán por este punto M.

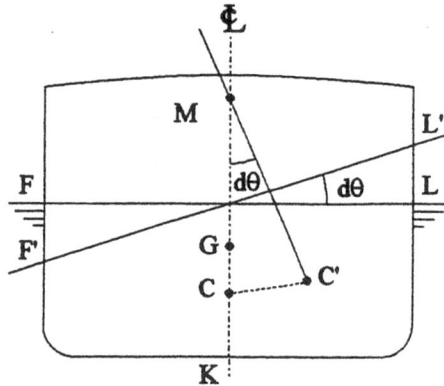

Fig. 10.3 Metacentro y radio metacéntrico transversal

10.5 Radio metacéntrico transversal

El valor CM, (Fig.10.3), es el radio metacéntrico transversal inicial. Se denomina así porque, haciendo centro en M y con radio CM, la circunferencia trazada coincidiría, muy aproximadamente, con la curva del centro de carena para escoras infinitesimales.

El valor del radio metacéntrico transversal se obtiene a partir de los valores de los movimientos transversal, vertical y longitudinal del centro de carena. Se recuerda que estos valores son:

$$dx_C = \frac{I_{xf}}{\nabla} \cdot d\theta = 0 \qquad (10.1)$$

$$dy_C = \frac{I_x}{\nabla} \cdot d\theta \qquad (10.2)$$

$$dz_C = \frac{I_x}{\nabla} \cdot \frac{(d\theta)^2}{2} = \frac{1}{2} \cdot dy_C \cdot d\theta \qquad (10.3)$$

dx_C movimiento longitudinal del centro de carena
dy_C movimiento transversal del centro de carena
dz_C movimiento vertical del centro de carena
I_{xf} producto de inercia rectangular con respecto a los ejes principales que pasan por F, y cuyo valor es cero
I_x inercia transversal con respecto al eje longitudinal, que pasa por F
$d\theta$ escora infinitesimal

El movimiento CC' descrito por el centro de carena es igual a,

$$CC' = dc = \sqrt{(dx_C)^2 + (dy_C)^2 + (dz_C)^2} \qquad (10.4)$$

dx_C es cero y dz_C es un infinitésimo de segundo grado, que en este caso se despreciará, obteniéndose

$$dc \approx dy_C = \frac{I_x}{\nabla} \cdot d\theta \qquad (10.5)$$

El radio metacéntrico será igual a

$$CM = r = \frac{dc}{d\theta} \approx \frac{I_x / \nabla}{d\theta} \cdot d\theta$$

$$CM = r = \frac{I_x}{\nabla} \qquad (10.6)$$

El momento de inercia de la superficie de flotación con respecto al eje longitudinal es

$$I_x = \frac{2}{3} \int_{-\frac{E}{2}}^{+\frac{E}{2}} y^3 \cdot dx \qquad (10.7)$$

En el caso de que la superficie de flotación fuera rectangular, la inercia transversal de la superficie sería

$$I_x = \frac{1}{12} \cdot E \cdot M^3 \tag{10.8}$$

Suponiendo, además, que el flotador fuera un prisma de flotación constante rectangular, el valor del radio metacéntrico vendría determinado por

$$CM = r = \frac{I_x}{\nabla} = \frac{1}{12} \cdot \frac{E \cdot M^3}{E \cdot M \cdot C}$$

$$CM = r = \frac{1}{12} \cdot \frac{M^2}{C} \tag{10.9}$$

10.6 Altura metacéntrica transversal

Recibe el nombre de altura metacéntrica transversal el valor GM, el cual es positivo si M está por encima de G y negativo cuando M está por debajo de G. El GM se utiliza como valor representativo de la estabilidad estática transversal inicial.

La figura 10.3 contiene la siguiente información del centro de gravedad, centro de carena y metacentro,

$KG = z_G$ coordenada vertical del centro de gravedad del buque

$KC = z_C$ coordenada vertical del centro de carena del buque

$CG = a$ distancia vertical entre el centro de gravedad y el centro de carena

$KM = z_M$ altura del metacentro sobre la quilla

$CM = r$ radio metacéntrico transversal

$GM = h$ altura metacéntrica transversal

Las relaciones entre estos parámetros son:

$$GM = KM - KG$$

$$h = z_M - z_G$$

$$
\begin{array}{ll}
KM > KG & GM > 0 \\
KM < KG & GM < 0 \\
KM = KG & GM = 0
\end{array}
$$

$$GM = KC + CM - KG$$

$$h = z_C + r - z_G$$

$$GM = CM - CG$$

$$h = r - a$$

$$CG = KG - KC$$

$$a = z_G - z_C$$

$$KG > KC \qquad a > 0$$
$$KG < KC \qquad a < 0$$
$$KG = KC \qquad a = 0$$

10.7 Evoluta metacéntrica

Las distintas líneas de empuje, correspondientes a los centros de carena que vaya tomando el buque al escorar, confluirán inicialmente en el punto M_0, metacentro inicial transversal, pero al aumentar la escora, se cortarán, cada una con su anterior, en puntos fuera de la línea central, M_1, M_2, M_3,..., llamados también metacentros o prometacentros. La intersección de cada línea de empuje con la línea central da lugar a los puntos H, H', H'',..., que reciben el nombre de falsos metacentros, (Fig. 10.4). La curva formada por los metacentros es la evoluta metacéntrica; esta curva es creciente, a igualdad de volumen sumergido, al aumentar los valores de las semimangas, lo cual se deduce fácilmente con el simple análisis de la fórmula del radio metacéntrico transversal,

$$CM = r = \frac{I_x}{\nabla} = \frac{\frac{2}{3} \int_{-\frac{E}{2}}^{+\frac{E}{2}} y^3 \cdot dx}{\nabla}$$

en efecto, siendo constante ∇, al aumentar y, semimanga, aumentará CM.

La forma de la evoluta metacéntrica dependerá de las formas del buque.En la figura 10.5, se representa para una escora de 90°, las curvas del centro de flotación, del centro de carena y de la evoluta metacéntrica.

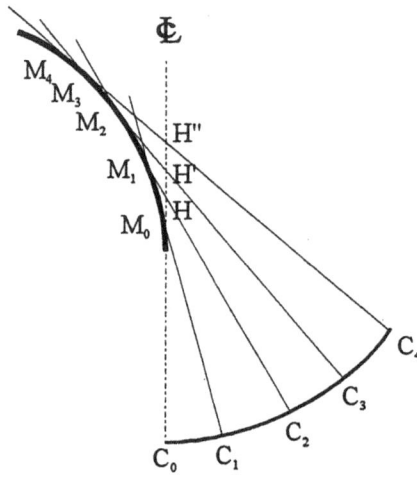

Fig. 10.4 Evoluta metacéntrica, metacentro, prometacentros y falsos metacentros

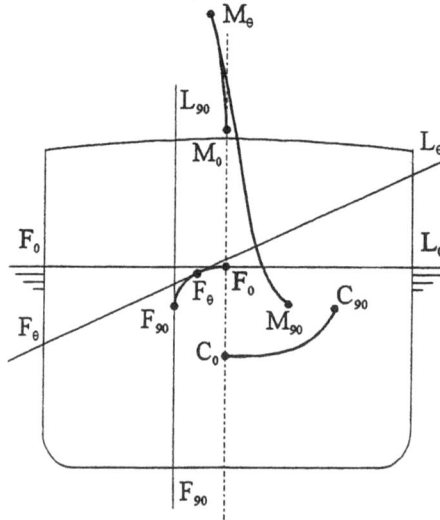

Fig. 10.5 Evoluta metacéntrica, curvas del centro de carena y del centro de flotación para una escora de 90°

10.8 Metacentro longitudinal

Para una inclinación longitudinal infinitesimal, los empujes que pasan por la posición inicial y final del centro de carena intersectarán en un punto denominado metacentro longitudinal. Partiendo de la situación de equilibrio para el buque sin asiento, el empuje correspondiente a un ángulo infinitesimal, cortará a la línea de empuje del centro de carena inicial en un punto, M_L, metacentro longitudinal inicial, (Fig. 10.6). Dentro de los primeros grados de inclinación longitudinal, las diferentes líneas de empuje pasarán, prácticamente, por el punto M_L.

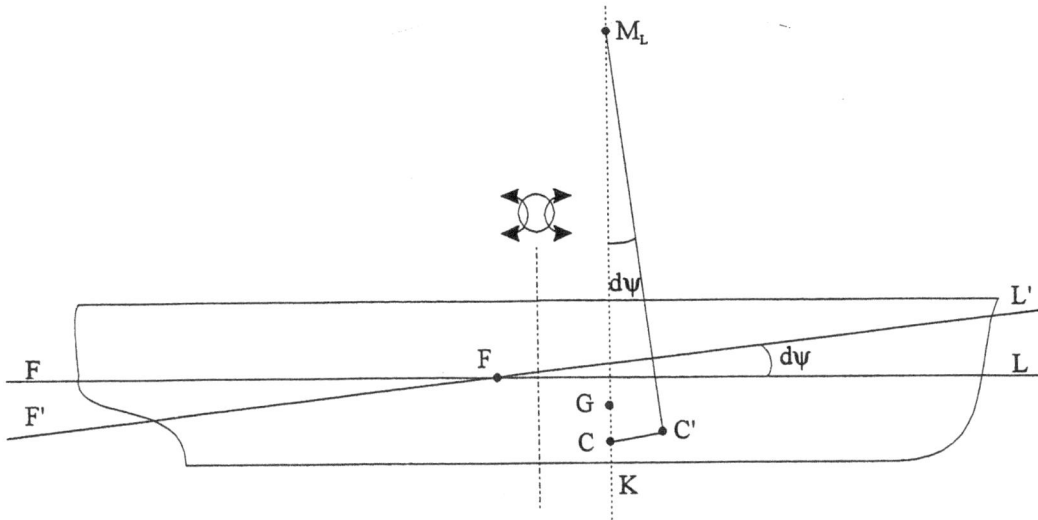

Fig. 10.6 Metacentro y radio metacéntrico longitudinal

10.9 Radio metacéntrico longitudinal

El radio metacéntrico longitudinal, CM_L, se deducirá a partir del movimiento del centro de carena debido a una inclinación longitudinal isocarena, cuyos valores hallados anteriormente, son:

$$dy_C = \frac{I_{fx}}{\nabla} \cdot d\psi = 0 \tag{10.10}$$

$$dx_C = \frac{I_f}{\nabla} \cdot d\psi \tag{10.11}$$

$$dz_C = \frac{I_f}{\nabla} \cdot \frac{(d\psi)^2}{2} = \frac{1}{2} \cdot dx_C \cdot d\psi \tag{10.12}$$

dy_C movimiento transversal del centro de carena

dx_C movimiento longitudinal del centro de carena

dz_C movimiento vertical del centro de carena

I_{xf} producto de inercia rectangular con respecto a los ejes principales, que pasan por F, y cuyo valor es cero

I_f inercia longitudinal de la superficie de flotación con respecto a un eje transversal que pasa por F, centro de flotación

El valor de CC', será

$$CC' = dc = \sqrt{(dy_C)^2 + (dx_C)^2 + (dz_C)^2} \qquad (10.13)$$

$$dy_C = 0$$

$$dz_C = \frac{1}{2} \cdot dx_C \cdot d\psi$$

despreciándose su valor, por tanto,

$$CC' = dc \approx dx_C \qquad (10.14)$$

$$CC' = dc \approx \frac{I_f}{\nabla} \cdot d\psi \qquad (10.15)$$

y, finalmente, el radio metacéntrico longitudinal se obtendrá de,

$$CM_L = R = \frac{dc}{d\psi} \approx \frac{I_f / \nabla}{d\psi} \cdot d\psi$$

$$CM_L = R \approx \frac{I_f}{\nabla} \qquad (10.16)$$

Al calcular el momento de inercia de la superficie de flotación con respecto a un eje transversal, éste pasa por la cuaderna maestra, debiendo aplicarse el teorema de cambio de ejes,

$$I_y = 2 \int_{-\frac{E}{2}}^{+\frac{E}{2}} x^2 \cdot y \cdot dx \qquad (10.17)$$

$$I_f = I_y - S \cdot x_F^2 \qquad (10.18)$$

I_y inercia longitudinal, tomada a un eje transversal que pasa por la cuaderna maestra
I_f inercia longitudinal con respecto a un eje transversal que pasa por F
S   superficie de flotación
y   semimangas
x   brazos longitudinales a F
x_F distancia entre F y la cuaderna maestra

En el caso de un prisma de flotación constante rectangular, el cálculo del radio metacéntrico longitudinal sería

$$I_L = \frac{1}{12} \cdot M \cdot E^3 \qquad (10.19)$$

$$CM_L = R = \frac{I_L}{\nabla} = \frac{1}{12} \frac{M \cdot E^3}{E \cdot M \cdot C}$$

$$CM_L = R = \frac{1}{12} \frac{E^2}{C} \qquad (10.20)$$

10.10 Relación entre el radio metacéntrico longitudinal y el transversal

Al establecer la comparación entre los valores de los radios metacéntricos longitudinal y transversal de un prisma de flotación rectangular constante, se obtendrá

$$\frac{R}{r} = \frac{I_f / \nabla}{I_x / \nabla} = \frac{I_f}{I_x} \qquad (10.21)$$

$$\frac{R}{r} = \frac{(1 / 12) \cdot M \cdot E^3}{(1 / 12) \cdot E \cdot M^3}$$

$$\frac{R}{r} = \frac{E^2}{M^2}$$

(10.22)

de lo que se desprende que el radio metacéntrico longitudinal será mucho mayor que el radio metacéntrico transversal, dado que la eslora del buque es una dimensión mucho mayor que su manga.

10.11 Altura metacéntrica longitudinal

GM_L es la altura metacéntrica longitudinal, de valor próximo al del radio metacéntrico longitudinal, dado que CG es relativamente pequeño comparado con CM_L. Se comprende, por tanto, que la altura metacéntrica longitudinal sea siempre positiva, y que no será necesario analizarla a efectos de la estabilidad del buque. El valor de la altura metacéntrica longitudinal es del orden de la eslora del buque. Sin embargo, es un dato útil para el cálculo del asiento o de la alteración que produce un traslado, carga o descarga de un peso.

Sobre la figura 10.6, se observan una serie de parámetros importantes en el estudio de la estabilidad longitudinal, que son:

$KG = z_G$ altura del centro de gravedad del buque sobre la quilla

$KC = z_C$ altura del centro de carena del buque sobre la quilla

$CG = a$ distancia vertical entre el centro de gravedad y el centro de carena

$KM_L = z_{M_L}$ altura del metacentro longitudinal sobre la quilla

$CM_L = R$ radio metacéntrico longitudinal

$GM_L = H$ altura metacéntrica longitudinal

Estableciéndose entre estos parámetros de la estabilidad longitudinal, las relaciones siguientes:

$$GM_L = KM_L - KG$$

$$H = z_{M_L} - z_G$$

en la práctica,

$$KM_L > KG \qquad GM_L > 0$$

siendo el resto de relaciones,

$$GM_L = KC + CM_L - KG$$

$$H = z_C + R - z_G$$

$$GM_L = CM_L - CG$$

$$H = R - a$$

$$CG = KG - KC$$

$$a = z_G - z_C$$

$$KG > KC \qquad a > 0$$
$$KG < KC \qquad a < 0$$
$$KG = KC \qquad a = 0$$

10.12 Estabilidad estática transversal inicial

10.12.1 Concepto de estabilidad transversal inicial

La estabilidad transversal inicial se aplica al plano de inclinación transversal y para escoras pequeñas. Se ha visto la dependencia que valores tales como KC y CM tienen de las formas del buque. Las fórmulas obtenidas del movimiento del centro de carena debido a una escora isocarena se han basado en la simetría de las cuñas, etc. Esta situación se acepta para una escora infinitesimal, cuyo valor dependerá de las formas del buque y en concreto de la sección transversal, si ésta es de costados paralelos, forma de "U", o bien, tiene forma de "V". En el primer caso la aceptación de estabilidad inicial podrá llegar a unos 15 o 20 grados, mientras que en el segundo se estaría dentro de los 5 o 10 grados de escora. Estos datos son meramente orientativos ya que cada buque tendrá sus formas y su límite, que, por otra parte, vendrá dado por un margen de grados, según la exactitud que se desee obtener en los cálculos, y que, en principio, para los usos normales de a bordo, la banda de los errores límite se puede tomar con cierta libertad, dado que no suele ser un elemento crítico.

10.12.2 Brazo GZ del par de fuerzas

El desplazamiento del buque tiene como punto de aplicación el centro de gravedad y el empuje pasa por el centro de carena, (Fig. 10.7). Mientras el buque está en equilibrio, el desplazamiento es igual al empuje, y el centro de gravedad y el centro de carena están en la misma vertical. Si el buque sufre una escora isocarena, debido a una fuerza exterior, el centro de carena se trasladará, según la ecuación

$$CC' = \frac{v_C \cdot h_1 h_2}{\nabla} \qquad (10.23)$$

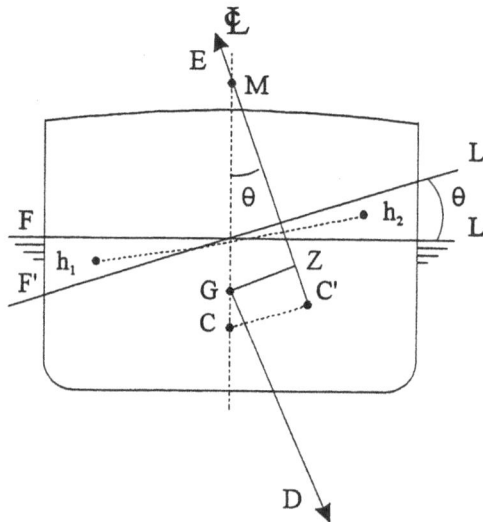

Fig. 10.7 Estabilidad estática transversal inicial

En este caso se rompe el equilibrio y las dos fuerzas, desplazamiento y empuje, formarán un par de giro, cuyo brazo es GZ, trazado siempre desde G. El valor del momento del par de fuerzas será

$$D \cdot GZ \tag{10.24}$$

siendo, en el triángulo rectángulo GZM, ángulo recto en Z,

$$GZ = GM \cdot sen\ \theta \tag{10.25}$$

por tanto,

$$D \cdot GZ = D \cdot GM \cdot sen\ \theta \tag{10.26}$$

dentro de la estabilidad inicial.

Al producto D·GM se le denomina *coeficiente o módulo de estabilidad.*

El momento del par de fuerzas se puede descomponer en dos términos: uno de ellos quedará en función de las formas del buque, y se denomina *estabilidad de formas*, y el otro quedará en función de la posición del centro de gravedad del buque, recibiendo el nombre de *estabilidad de pesos*.

$$Momento\ del\ par\ =\ D\ \cdot\ GZ\ =\ D\ \cdot\ GM\ \cdot\ sen\ \theta \qquad (10.27)$$

$$GM\ =\ CM\ -\ CG$$

$$D\ \cdot\ GM\ \cdot\ sen\ \theta\ =\ D\ \cdot\ CM\ \cdot\ sen\ \theta\ -\ D\ \cdot\ CG\ \cdot\ sen\ \theta \qquad (10.28)$$

$$Momento\ debido\ a\ las\ formas\ =\ D\ \cdot\ CM\ \cdot\ sen\ \theta \qquad (10.29)$$

$$Momento\ debido\ a\ los\ pesos\ =\ D\ \cdot\ CG\ \cdot\ sen\ \theta \qquad (10.30)$$

La estabilidad de formas dependerá del plano de formas del buque, mientras que la estabilidad de pesos será responsabilidad de los oficiales, a quienes corresponde cargar de manera que el buque sea estable y que cumpla los criterios reglamentados sobre estabilidad.

Si la estabilidad del buque es excesiva, los balances del buque son rápidos y cortos, ya que el valor del par adrizante es grande. A los buques de estas características se les llama buques "duros". Y cuando la estabilidad es escasa, con efectos contrarios a los anteriores, es decir, balances lentos y largos, se denominan buques "blandos".

10.12.3 Análisis del equilibrio

Las situaciones relativas que pueden ocupar el centro de carena, el centro de gravedad y el metacentro definen el equilibrio inicial del buque. Se analizan cuatro casos de posición entre estos puntos, en el primer caso el centro de carena está por encima del centro de gravedad, y en los otros tres, el centro de gravedad por encima del centro de carena, que suele ser lo más normal en la mayoría de buques mercantes. Se recuerda que el GM es una medida de la estabilidad transversal inicial del buque.

1. *Altura metacéntrica positiva y CG < 0*, (Fig. 10.8).

Es el caso de mayor estabilidad del buque.

$$KG\ <\ KC$$

$$CG\ <\ 0$$

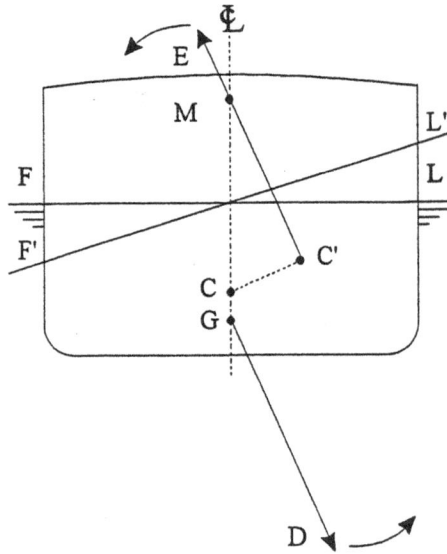

Fig. 10.8 Altura metacéntrica positiva y CG < 0

Para este supuesto, es decir CG < 0, el GM será siempre positivo,

$$GM = KM - KG$$

$$KM > KG$$

$$GM > 0$$

El par de fuerzas, D.GZ, hará recuperar al buque la posición de equilibrio, cuando cese la fuerza externa perturbadora. El equilibrio será estable.

2. *Altura metacéntrica positiva y CG > 0*, (Fig. 10.9).

$$GM = KM - KG$$

$$KM > KG$$

$$GM > 0$$

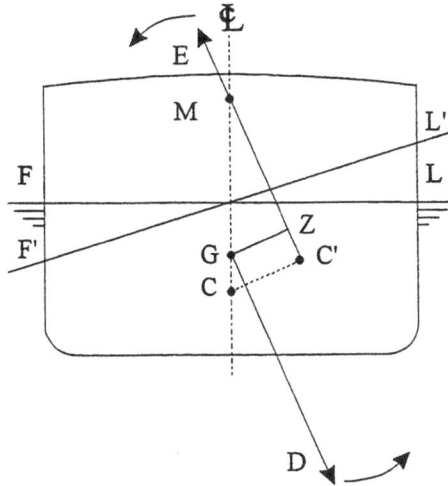

Fig. 10.9 Altura metacéntrica positiva y CG > 0

El par de fuerzas, D.GZ, será adrizante, es decir, hará recuperar al buque la posición inicial de equilibrio. Equilibrio estable.

3. *Altura metacéntrica negativa*, (Fig.10.10).

$$GM = KM - KG$$

$$KM < KG$$

$$GM < 0$$

El par de fuerzas, D.GZ, será escorante, actuando en el mismo sentido que la fuerza perturbadora, aumentando la escora tomada por el buque. El equilibrio será no estable debido a equilibrio inestable.

La fórmula para calcular el CM es

$$CM = \frac{I_T}{\nabla} = \frac{\frac{2}{3}\int\limits_{-\frac{B}{2}}^{+\frac{B}{2}} y^3 \cdot dx}{\nabla}$$

relación entre la inercia transversal de la flotación y el volumen sumergido.

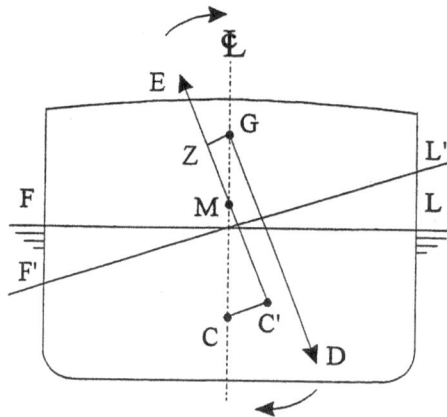

Fig. 10.10 Altura metacéntrica negativa

Dado que la inercia transversal se obtiene en función de la semimanga al cubo, si las semimangas crecen con la escora, subirá el metacentro, como se ha visto al estudiar la forma de la evoluta metacéntrica. Pudiera ser que en su subida el metacentro alcance al centro de gravedad, en cuyo caso, el valor de la altura metacéntrica sería cero, y el buque quedaría con esta escora debido a un GM negativo. La escora se tomará hacia la banda que la fuerza perturbadora le lleve; si cambia la fuerza de banda, cambiará también la escora, lo cual es una manera de averiguar que la escora producida es debida a una altura metacéntrica negativa.

4. *Altura metacéntrica nula*, (Fig. 10.11)

$$GM = KM - KG$$

$$KM = KG$$

$$GM = 0$$

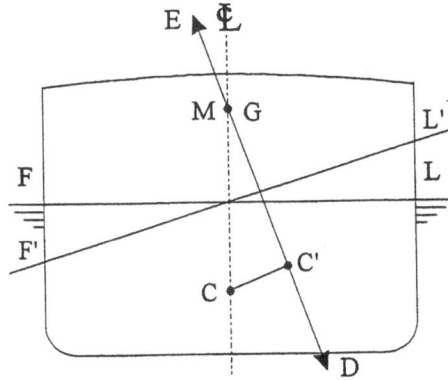

Fig. 10.11 Altura metacéntrica nula

En esta situación el centro de carena y el centro de gravedad estarán en la misma vertical, tanto antes como después de la escora infinitesimal. No habrá brazo, GZ, actuando desplazamiento y empuje en la misma vertical. El equilibrio será no estable debido a equilibrio indiferente.

No obstante, y debido al mismo razonamiento expuesto para el GM negativo, si al aumentar la escora aumentan las semimangas, el metacentro subirá, y entonces el buque tendrá un GM positivo.

10.13 Cálculo de la escora

Debido a una carga, descarga o traslado de pesos, el buque puede quedar escorado; por tanto, tendrá la ₵ ≠ 0, (Fig. 10.12). En el triángulo rectángulo MGG_T, ángulo recto en G, se obtendrá el valor de la escora.

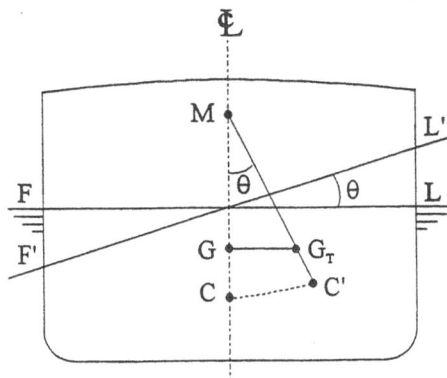

Fig. 10.12 Cálculo de la escora

$$tg \ \theta \ = \ \frac{GG_T}{GM} \qquad\qquad (10.31)$$

o bien

$$tg \ \theta \ = \ \frac{\mathfrak{C}G}{GM} \qquad\qquad (10.32)$$

Las restricciones que se imponen a la utilización de la fórmula son:

a) estabilidad inicial, y
b) altura metacéntrica positiva.

10.14 Cálculo de la altura metacéntrica por la experiencia de estabilidad

Al botar el buque se efectúa la experiencia de estabilidad para hallar su KG y su GM. Esta operación se puede realizar para cualquier otra circunstancia que la justifique como, por ejemplo, la existencia de dudas sobre el valor de la altura metacéntrica en una condición de carga real, y que haga aconsejable hallarla a través de la experiencia de estabilidad.

La operación se realiza, Fig (10.13), situando una plomada en la línea de crujía, lo más larga posible, con una regla milimetrada a la altura del extremo inferior, de manera que se pueda efectuar la lectura del desvío de la plomada, de la forma más exacta posible.

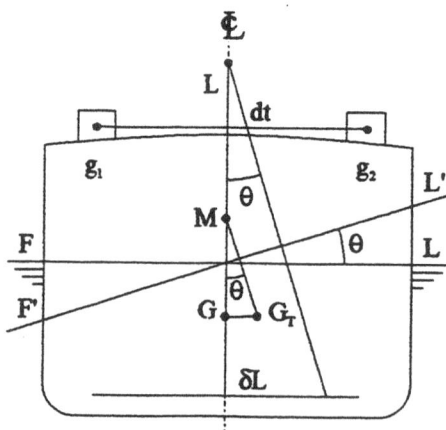

Fig. 10.13 Experiencia de estabilidad

Partiendo del buque adrizado, se traslada un peso transversalmente, siendo datos conocidos el valor del peso y su situación transversal inicial y final; por tanto, se conocerá la distancia transversal del traslado. Debido al traslado, el centro de gravedad del buque se moverá lateralmente,

$$\mathbb{C}G = \frac{p \cdot dt}{D}$$

$$dt = \mathbb{C}g_2 - \mathbb{C}g_1$$

El centro de carena también se trasladará en función de las cuñas de emersión e inmersión producidas por la escora isocarena. El centro de gravedad del buque y el centro de carena quedarán sobre una misma vertical, habiéndose producido una escora permanente debido al traslado del peso.

$$tg\ \theta = \frac{\mathbb{C}G}{GM}$$

Tomando la lectura del desvío de la plomada, el ángulo de escora producido será igual, también, a

$$tg\ \theta = \frac{\delta L}{L}$$

L   longitud de la plomada
δL   desvío medido

Igualando

$$\frac{\mathbb{C}G}{GM} = \frac{\delta L}{L}$$

$$\frac{p \cdot dt}{D \cdot GM} = \frac{\delta L}{L}$$

despejando GM,

$$GM = \frac{p \cdot dt \cdot L}{D \cdot \delta L} \qquad\qquad (10.33)$$

Una observación a realizar es que el valor del GM que se obtenga en la experiencia estará afectado por las superficies libres que tuviera el buque, tema que aún no ha sido desarrollado.

10.15 Calculo de la altura metacéntrica, por la fórmula del período doble de balance

Una manera relativamente sencilla de verificar el valor del GM es a través de la fórmula teórico-empírica que liga el GM con el período doble de balance, que es el tiempo que tarda el buque en realizar un balance completo, es decir, supuesto el buque en la máxima escora de oscilación a estribor, será el tiempo transcurrido en realizar el balance a babor y volver a la posición de estribor.

La medición del período doble y posterior cálculo del GM se puede realizar a la salida de puerto. Atravesando el barco a la mar, con poco oleaje, para que el balance se mantenga dentro de la estabilidad transversal inicial, se medirá el período doble en segundos, y se aplica la siguiente relación,

$$GM = \left(\frac{f \cdot M}{T_d}\right)^2 \qquad (10.34)$$

GM   altura metacéntrica en metros, corregida por superficies libres en su caso
f   factor numérico que depende del tipo, condición de carga y disposición general del buque
M   manga del buque en metros
T_d período doble de balance del buque, en segundos

El factor f es de importancia máxima. Puede determinarse experimentalmente midiendo el período doble de balance del buque cuando la altura metacéntrica sea un dato conocido. Al ser "f" un valor variable con la carga del buque, se recomienda su determinación para el buque en lastre, a media carga y en máxima carga. De esta manera, cuando se deba acudir a esta experiencia para confirmar el valor del GM, se dispondrá de los valores "f" del buque.

De hecho, esta experiencia corresponde al buque oscilando según su frecuencia natural, lo cual no ocurre, dado que se substituye una fuerza externa momentánea por la fuerza perturbadora y continua del oleaje.

10.16 Estabilidad estática longitudinal inicial

Se puede utilizar aquí, para la estabilidad longitudinal inicial, el mismo razonamiento aplicado para explicar el concepto de estabilidad transversal inicial. Sin embargo, hay un matiz importante a tener en cuenta: la altura metacéntrica es un valor grande y positivo, como se ha indicado, lo cual dará lugar a que la inclinación longitudinal o cabeceo sea de pocos grados. Por tanto, y a pesar de que longitudinalmente el buque no es simétrico, como se sabe, al ser los ángulos de las inclinaciones isocarenas pequeños, sólo tendrá interés el estudio de la estabilidad estática longitudinal inicial, (Fig. 10.14). Es más, el interés de gran parte del estudio consistirá en calcular los efectos sobre los calados del buque, bien a través del asiento o de la alteración.

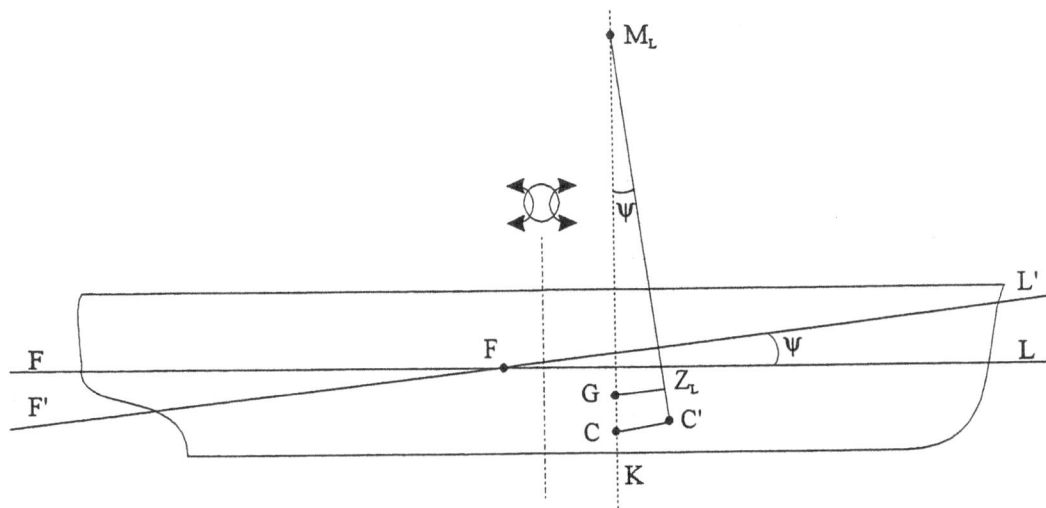

Fig. 10.14 Estabilidad estática longitudinal inicial

10.17 Brazo GZ$_L$ del par de fuerzas

Cuando se ha producido una inclinación longitudinal isocarena, el centro de gravedad, G, y la nueva posición del centro de carena, C', no están ya en la misma vertical, (Fig. 10.14), perdiéndose la segunda condición de equilibrio. El desplazamiento, aplicado en G, y el empuje que pasa por C', serán el par de fuerzas iguales, paralelas y de sentido contrario, que darán lugar al par de giro, siendo el brazo GZ$_L$, siempre a partir de G, perpendicular a la nueva línea de empuje, y paralelo a la nueva flotación, F'L'.

El valor del momento del par será

$$D \cdot GZ_L \tag{10.35}$$

En el triángulo rectángulo GZ$_L$M$_L$, ángulo recto en Z$_L$,

$$GZ_L = GM_L \cdot sen\,\Psi \tag{10.36}$$

de lo cual,

$$D \cdot GZ_L = D \cdot GM_L \cdot sen\,\Psi \tag{10.37}$$

El valor $D \cdot GM_L$ es el coeficiente o módulo de estabilidad longitudinal.

10.18 Momento unitario para variar el asiento un centímetro, Mu

Una deducción importante de la estabilidad longitudinal inicial es el momento unitario para variar el asiento un centímetro, utilizado en los cálculos de los calados.

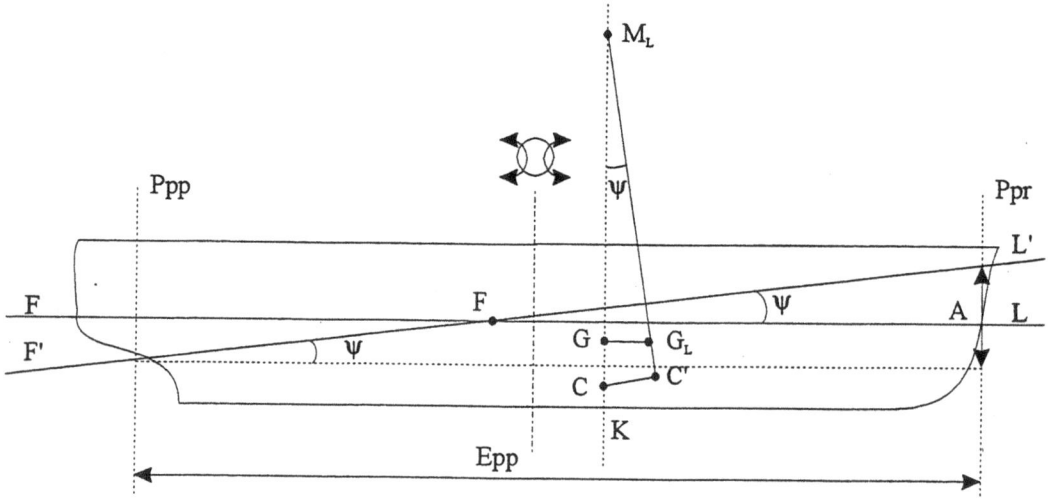

Fig. 10.15 Momento unitario para variar el asiento un centímetro

Partiendo del buque en aguas iguales, A=0, (Fig. 10.15), si se traslada un peso longitudinalmente, el efecto sobre el centro de gravedad del buque será,

$$GG_L = \frac{p \cdot dl}{D} \tag{10.38}$$

$$dl = \otimes g_2 - \otimes g_1 \tag{10.39}$$

GG_L movimiento longitudinal del centro de gravedad
D   desplazamiento del buque
p   peso trasladado
$\otimes g_1$ posición longitudinal del centro de gravedad inicial del peso
$\otimes g_2$ posición longitudinal del centro de gravedad final del peso
dl   distancia longitudinal del traslado

El buque quedará en equilibrio con un ángulo de inclinación, Ψ,

$$tg\,\Psi \; = \; \frac{GG_L}{GM_L} \tag{10.40}$$

$$tg\,\Psi \; = \; \frac{A}{E} \tag{10.41}$$

igualando

$$\frac{A}{E} \; = \; \frac{GG_L}{GM_L} \tag{10.42}$$

substituyendo GG_L, por la fórmula del traslado,

$$\frac{A}{E} \; = \; \frac{p \cdot dl}{D \cdot GM_L} \tag{10.43}$$

siendo las unidades de esta ecuación Tm y m. Poniendo el asiento en centímetros, resultará

$$\frac{A}{100 \cdot E} \; = \; \frac{p \cdot dl}{D \cdot GM_L} \tag{10.44}$$

de lo cual

$$\frac{p \cdot dl}{A} \; = \; \frac{D \cdot GM_L}{100 \cdot E} \tag{10.45}$$

haciendo A=1 cm,

$$\frac{p \cdot dl}{1\ cm} \; = \; \frac{D \cdot GM_L}{100 \cdot E} \tag{10.46}$$

$$\frac{p \cdot dl}{1\ cm} \; = \; Mu \tag{10.47}$$

$$Mu \; = \; \frac{D \cdot GM_L}{100 \cdot E} \tag{10.48}$$

las unidades serán,

Mu   momento unitario, Tm x m/cm
D   desplazamiento, Tm
GM_L altura metacéntrica longitudinal, m
E   eslora entre perpendiculares, m

Si en la fórmula del Mu se substituye GM_L por CM_L

$$GM_L \approx CM_L$$

se producirá en error de un 1% o 2%. El aceptar este error, y en la práctica es perfectamente asumible, permite que la ecuación de momento unitario dependa solamente de parámetros debidos a las formas del buque y que pueda tenerse su curva en las hidrostáticas, lo cual es sumamente interesante para los cálculos de calados.

$$Mu \approx \frac{D \cdot CM_L}{100 \cdot E} \qquad (10.49)$$

10.19 Aplicación del momento unitario para hallar el asiento o la alteración producida por el traslado longitudinal de un peso

10.19.1 Por las ecuaciones del asiento

Se supone que ya se ha calculado la posición longitudinal final del centro de gravedad del buque debido al traslado de un peso.

Se parte de una situación hipotética de equilibrio, para la cual el asiento inicial es cero, (Fig. 10.16), por lo tanto,

$$A = 0 \qquad (10.51)$$

$$Cpp = Cm = Cpr \qquad (10.52)$$

Con el calado medio se obtendrá en las curvas hidrostáticas ⊠C y Mu

$$Cm \ \text{---->} \ C\,H \ \text{---->} \ \text{⊠C}$$
$$Mu$$

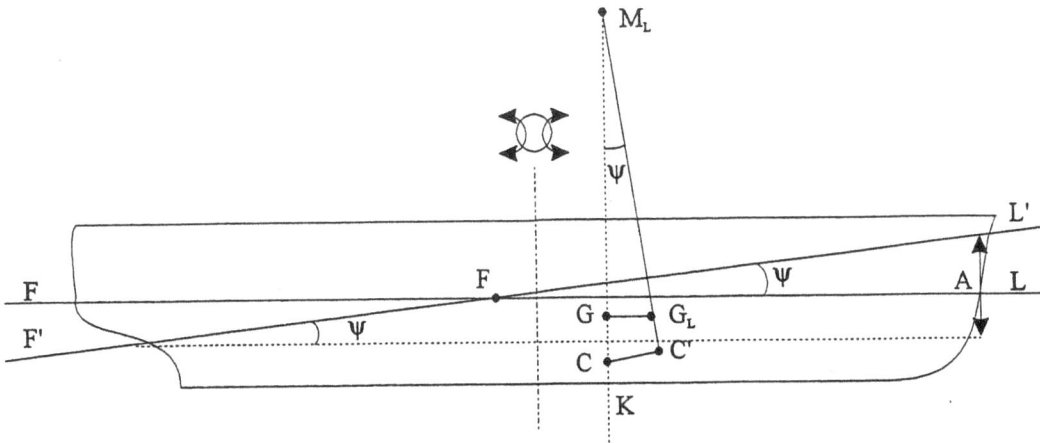

Fig. 10.16 Cálculo del asiento

Para el caso particular de A=0 (y suponiendo, también, que el asiento para el que se han calculado las curvas hidrostáticas sea cero), ⊗G y ⊗C estarán en la misma vertical, perpendicular a la flotación FL, y, por tanto, equidistantes a la cuaderna maestra,

$$\otimes G = \otimes C \qquad (10.53)$$

La situación de equilibrio real está en G_L y C'. El brazo longitudinal del centro de gravedad del buque es GG_L, que se expresará CG_L, ya que se parte del dato conocido, ⊗C, y además tiene el interés práctico de diferenciar la fórmula a que dará lugar, de las demás utilizadas en el traslado o la carga. El momento producido entre la situación hipotética y la real se determina multiplicando la fuerza por el brazo,

$$Momento \ longitudinal = D \cdot CG_L \qquad (10.54)$$

siendo

$$\otimes G_L = \otimes C + CG_L \qquad (10.55)$$

$$CG_L = \otimes G_L - \otimes C \qquad (10.56)$$

El signo de CG_L vendrá dado por la suma algebraica de ⊗G_L y ⊗C. Se observa, también, que si G_L está a popa de C, CG_L será positivo, y si está a proa, CG_L será negativo.

El momento longitudinal se iguala al momento entre el calado de popa y de proa de la flotación final F'L', siendo el valor de éste el momento unitario por el asiento, que representa el brazo, o dicho de otra manera, si el momento longitudinal se divide por el momento unitario para variar el asiento un centímetro, el resultado será el asiento entre los calados de popa y de proa reales.

$$Mu \cdot A = D \cdot CG_L \qquad (10.57)$$

$$A = \frac{D \cdot CG_L}{Mu} \qquad (10.58)$$

Mu momento unitario para variar el asiento un centímetro en Tm x m/cm
A   asiento en cm
D   desplazamiento en Tm
CG_L brazo en m

El signo del asiento será el mismo que el del brazo CG_L. Las dos ecuaciones a utilizar son, pues,

$$\otimes G_L = \otimes C + CG_L \qquad (10.59)$$

$$A \cdot Mu = D \cdot CG_L \qquad (10.60)$$

de gran interés, puesto que permiten calcular el asiento, A, a partir de la posición longitudinal en la que ha quedado el centro de gravedad del buque, $\otimes G_L$, o el problema inverso, dado un asiento hallar la $\otimes G_L$, cuya solución sería,

$$CG_L = \frac{A \cdot Mu}{D} \qquad (10.61)$$

$$\otimes G_L = \otimes C + CG_L \qquad (10.62)$$

10.19.2 Por la ecuación de la alteración

En este caso, se parte de las flotaciones reales inicial y final, correspondientes a antes y después del traslado del peso, la ecuación se deduce de la propia definición de Mu, momento unitario que produce una variación entre los calados de un centímetro. La variación, que es la alteración entre los calados finales e iniciales, se determina por la diferencia de asientos,

$$a = Af - Ai$$

La ecuación de equilibrio se obtendrá igualando los momentos producidos por la alteración en los calados y el traslado longitudinal del peso, (Fig. 10.17),

$$a \cdot Mu = p \cdot dl \qquad (10.63)$$

a   alteración en cm

Mu   momento unitario para variar el asiento (y por tanto la alteración) un centímetro en Tm x m/cm

p   peso en Tm

dl   distancia longitudinal del traslado, entre las posiciciones final e inicial del peso

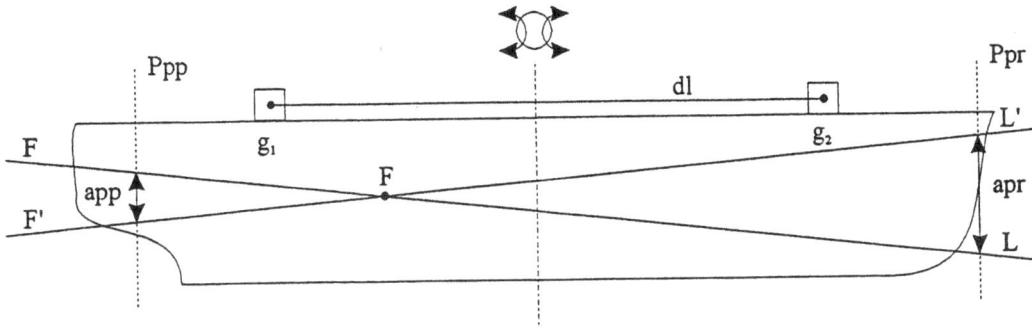

Fig. 10.17 Cálculo de la alteración

Cuando el peso se traslada hacia popa, el brazo, dl, será positivo, y cuando se traslada hacia proa, será negativo. En consecuencia, en el primer caso la alteración dará signo positivo, y en el segundo signo negativo.

El problema directo consiste en hallar la alteración producida por un traslado longitudinal, lo que se resolvería despejando la alteración

$$a = \frac{p \cdot dl}{Mu}$$

Mientras que en el problema inverso la alteración es dato, y las incógnitas son el peso o la distancia,

$$p = \frac{a \cdot Mu}{dl}$$

$$dl = \frac{a \cdot Mu}{p}$$

10.20 Utilización del momento unitario para el cálculo del asiento o de la alteración, en la carga y descarga de pesos

10.20.1 Por las ecuaciones del asiento

Una vez cargado el peso y hallado $\boxtimes G_L$, los pasos a seguir son los mismos que para el traslado, lo cual es lógico, ya que en este método se consideran una situación hipotética y la situación real final, ambas con el mismo calado medio.

$$Cm_f = Cm_i + I$$

$$Cm_f \;\text{-----}\!> \; C\,H \;\text{-----}\!> \; \boxtimes C$$
$$Mu$$

$$\otimes G_L = \otimes C + CG_L$$

$$A \cdot Mu = D \cdot CG_L$$

10.20.2 Por la ecuación de la alteración

Supóngase que el peso se carga en la vertical del centro de flotación, lo que dentro de la estabilidad inicial producirá una inmersión paralela, de valor

$$I = \frac{p}{T_c}$$

$$Cm_f = Cm_i + I$$

Con el calado medio final se halla en las curvas hidrostáticas el Mu. Trasladando longitudinalmente el peso desde F a su posición de estiba en el buque, se producirá la alteración de los calados

$$a = Af - Ai$$

la ecuación de equilibrio será

$$a \cdot Mu = p \cdot d_F$$

a   alteración en cm

Mu   momento unitario para variar el asiento (o la alteración) un centímetro en Tm x m/cm

p   peso cargado en Tm

d_F brazo longitudinal en m, entre F y el centro de gravedad del peso una vez estibado. El brazo podrá ser positivo, peso a popa de F, o negativo, peso a proa de F

Y como en el caso del traslado, se tratarán el problema directo e inverso, despejando la incógnita correspondiente.

Problema directo

$$a = \frac{p \cdot d_F}{Mu}$$

Problema inverso

$$p = \frac{a \cdot Mu}{d_F}$$

$$d_F = \frac{a \cdot Mu}{p}$$

11 Estabilidad transversal para grandes escoras

11.1 Consideraciones generales

En el estudio de la estabilidad inicial se han considerado pequeñas inclinaciones transversales y longitudinales del buque, para las cuales el metacentro transversal y longitudinal, respectivamente, se podían suponer invariables en su posición inicial. La estabilidad transversal para grandes escoras continúa el estudio realizado en el capítulo anterior, cuando el valor de la escora no permite la aplicación de los criterios y las fórmulas de la estabilidad inicial.

El valor del brazo GZ para grandes escoras se obtiene por dos caminos diferentes; el primero, por el método de las cuñas, o fórmula de Atwood, desarrollada en el siglo dieciocho, y el segundo de aplicación para buques de costados verticales.

11.2 Cálculo del brazo GZ por el método de las cuñas. Fórmula de Atwood

Al escorar el buque se producen las cuñas de emersión e inmersión. Al no haber modificaciones en el valor del volumen sumergido, aunque sí en su forma, las dos cuñas tendrán el mismo valor, y el movimiento del centro de carena responderá al momento producido por el traslado de la cuña de emersión a la de inmersión, siendo el brazo la distancia entre los respectivos centros de gravedad de las cuñas.

En la figura 11.1, CC' es el movimiento del centro de carena, paralelo a $h_e h_i$, centros de gravedad de las cuñas de emersión e inmersión. Desde C se traza una paralela al brazo GZ; por tanto, también será paralela a $h_1 h_2$. Y desde G se baja una línea perpendicular a CR, cortando en P.

$$GZ = CR - CP$$

$$CR = \frac{v_c \cdot h_1 h_2}{\nabla}$$

$$CP = CG \cdot sen\ \theta$$

$$GZ = \frac{v_c \cdot h_1 h_2}{\nabla} - CG \cdot sen\ \theta \qquad\qquad (11.1)$$

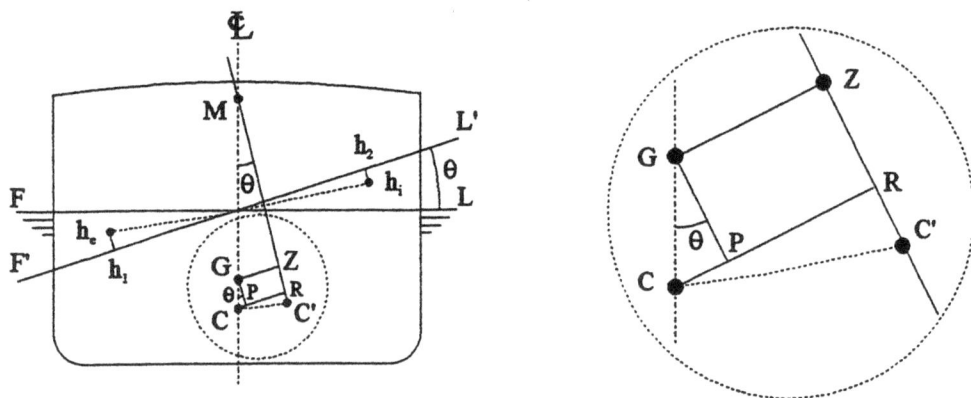

Fig. 11.1 Cálculo del brazo GZ por el método de las cuñas

Supuesto un desplazamiento y un KG para una condición de carga del buque, evaluando el volumen de una de las cuñas y el brazo $h_1 h_2$, a varios ángulos de escora, se obtendrá una curva de brazos GZ sobre una base de escoras.

11.3 Curvas KN

Una aplicación del método de las cuñas son las curvas KN, las cuales forman parte de la información del buque de la que se dispone a bordo, permitiendo calcular las curvas GZ de una manera simple. A las curvas KN se les llama, también, curvas cruzadas.

La problemática que presenta el método de las cuñas es que depende del KG del buque, dato que varía con la condición de carga. Suponiendo que el centro de gravedad del buque ocupa una posición fija, se suele situar en la quilla, es decir, KG = 0, se pueden calcular los brazos GZ, que en este caso se llaman KN, para diferentes desplazamientos y escoras, con lo que se obtienen las curvas KN, (Apéndice I).

En la figura 11.2, bajando desde G una perpendicular a KN, se obtendrá el valor del GZ en función del KN.

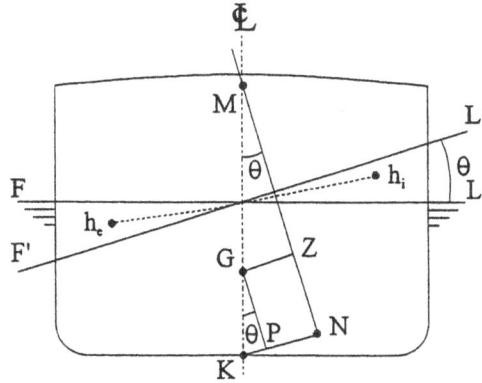

Fig. 11.2 Cálculo del GZ por las curvas KN

$$GZ = KN - KP$$

KN es dato de las curvas, entrando con el desplazamiento y para diferentes grados de escora.

$$KP = KG \cdot sen\ \theta$$

$$GZ = KN - KG \cdot sen\ \theta \qquad (11.2)$$

Esta ecuación se ha obtenido a partir del buque adrizado, lo cual implica que ₵G = 0.

11.4 Curva GZ para GM > 0 y ₵G = 0

Conocido el desplazamiento de un buque se hallarán los valores KN, en las curvas KN, para las diferentes escoras. Corrigiendo estos valores por la posición real del KG se obtendrán los valores de los brazos GZ,

$$GZ = KN - KG \cdot sen\ \theta$$

El KG se multiplica por el seno de 0°, 10°, 20°, etc.

Tabla 11.3 Cálculo de la curva GZ

Escoras	0°	10°	20°	30°	40°	50°	60°	70°	80°	90°
KN										
KG sen θ										
GZ										

En la figura 11.3 se representa una curva GZ típica de los buques mercantes. Las características más importantes de las curvas GZ, para la condición de $\mathcal{L} = 0$ y GM > 0, son las siguientes:

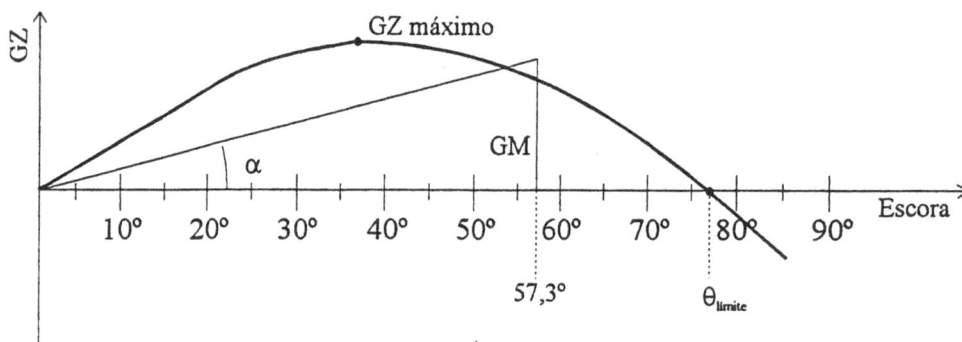

Fig. 11.3 Curva GZ y características para GM = 0 y $\mathcal{L}G > 0$

1. La curva parte de cero y es creciente.

2. En los primeros grados correspondientes a la estabilidad inicial, se establece la relación

$$GZ = GM \cdot sen\ \theta$$

3. El valor máximo del brazo GZ se alcanza entre los 30° a 40° de escora.

4. La curva decrece. El ángulo para el que se anula la estabilidad, GZ = 0, se llama ángulo límite de estabilidad, o amplitud de la curva.

5. A partir del ángulo límite los valores GZ son negativos.

6. Como se verá en la estabilidad dinámica, una característica muy importante es el área encerrada

bajo la curva GZ.

7. La tangente en el origen es una medida de la estabilidad inicial, en concreto de la altura metacéntrica, GM.

$$tg \ \alpha \ = \ \frac{d \ (GZ)}{d\theta_r} \qquad\qquad (11.3)$$

θ_r escora en radianes.

Dentro de la estabilidad inicial

$$GZ = GM \cdot sen \ \theta$$

$$GZ = GM \cdot \theta_r$$

$$dGZ = GM \cdot d\theta_r$$

$$tg \ \alpha \ = \ \frac{GM \cdot d\theta_r}{d\theta_r}$$

$$tg \ \alpha \ = \ \frac{GM}{1 \ radián} \qquad\qquad (11.4)$$

Levantando una perpendicular en 57.3° (1 radián) de altura igual al GM, y uniéndola con el origen, se obtendrá la tangente de la curva GZ en el mismo.

11.5 Curva GZ para GM > 0 y ₵G ≠ 0

Supuesto el buque con escora permanente, θ_p, debido a pesos desimétricos, el centro de gravedad no estará en la línea central, teniendo un valor GG_T, (Fig. 11.4). Cuando el buque estaba adrizado el valor del GZ, era

$$GZ = KN - KG \cdot sen \ \theta$$

y para la condición actual, el brazo G_TZ' será

$$G_TZ' = GZ - GP$$

$$GP = GG_T \cdot \cos \theta = ₵G_T \cdot \cos \theta$$

$$G_T Z' = KN - KG \cdot sen\ \theta - ⊄G_T \cdot cos\ \theta \qquad (11.5)$$

que habitualmente se escribe de la siguiente manera

$$GZ = KN - KG \cdot sen\ \theta - ⊄G \cdot cos\ \theta \qquad (11.6)$$

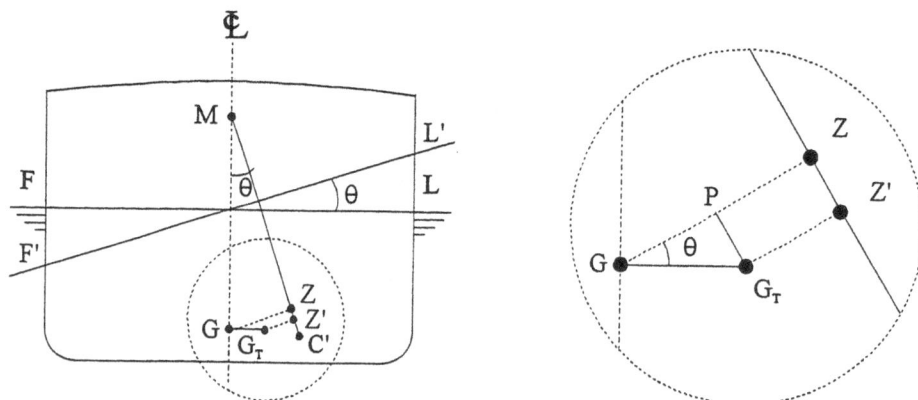

Fig. 11.4 Cálculo del GZ para GM >0 y ⊄G ≠ 0

Tabla 11.4. Cálculo de la curva GZ, cuando GM > 0 y ⊄G ≠ 0

Escoras	0°	10°	20°	30°	40°	50°	60°	70°	80°	90°
KN										
KG sen θ										
⊄G cos θ										
GZ										

KG por seno de 0°, 10°, 20°,..., y ⊄G por coseno de 0°, 10°, 20°,... Los dos valores se restan al KN, por lo cual para la escora de 0°, el GZ = (-) ⊄G, y para el ángulo de escora permanente, GZ = 0, (Fig. 11.5). El origen de la curva estará situado en el valor de (-) ⊄G, siempre negativo, puesto que en la curva se representa el costado de menor estabilidad transversal que, lógicamente, será la banda de la escora. En definitiva, no se tiene en cuenta el signo propio de ₵G, simplemente se restará, y el brazo GZ para 0° será negativo. La curva cortará a la línea de abscisas en el valor de la escora permanente, siendo en este punto el brazo GZ = 0. Este valor de escora permanente debe coincidir con el calculado por la ecuación de la tangente,

$$tg\ \theta = \frac{₵G}{GM}$$

siempre y cuando los grados de escora estén dentro de la estabilidad inicial. La aproximación será menor cuanto mayor sea la escora. Como norma, cuando la escora esté fuera de la estabilidad inicial, se obtendrá solamente por la curva GZ.

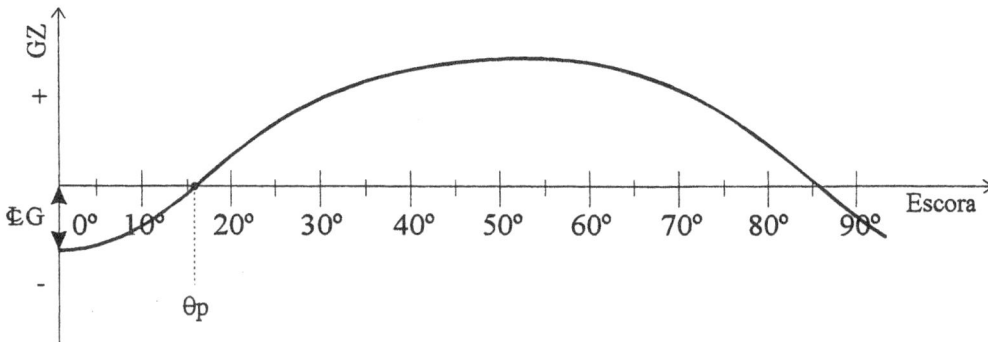

Fig. 11.5 Curva GZ para GM > 0 y ₵G ≠ 0

11.6 Efecto de las superficies libres en la estabilidad del buque

Los tanques con fluidos, parcialmente llenos, presentan una superficie denominada superficie libre. Al escorar el buque, el fluido mantiene su superficie horizontal, lo cual con relación al barco significa un traslado hacia el costado de la escora, (Fig. 11.6).

Una aproximación al problema por su sencillez y resultados prácticos aceptables es la de considerar el fluido del tanque como una carena interior, que así se le llama también, y darle un tratamiento igual al realizado para la carena del buque.

El centro de carena del buque se traslada en función de las cuñas de emersión e inmersión y el brazo correspondiente, situándose en el punto C'.

El centro de gravedad del líquido se moverá también en función de las cuñas que se forman entre las superficies fl y f'l'. El efecto es el traslado del peso del líquido de la cuña de emersión, con centro de gravedad en g_1, a la cuña de inmersión, con centro de gravedad en g_2. El brazo será g_1g_2.

$$gg' = \frac{p_c \cdot g_1g_2}{p} \tag{11.7}$$

p_c peso del líquido de una cuña

p peso del líquido del tanque

g_1g_2 brazo del traslado

gg' movimiento del centro de gravedad del líquido del tanque

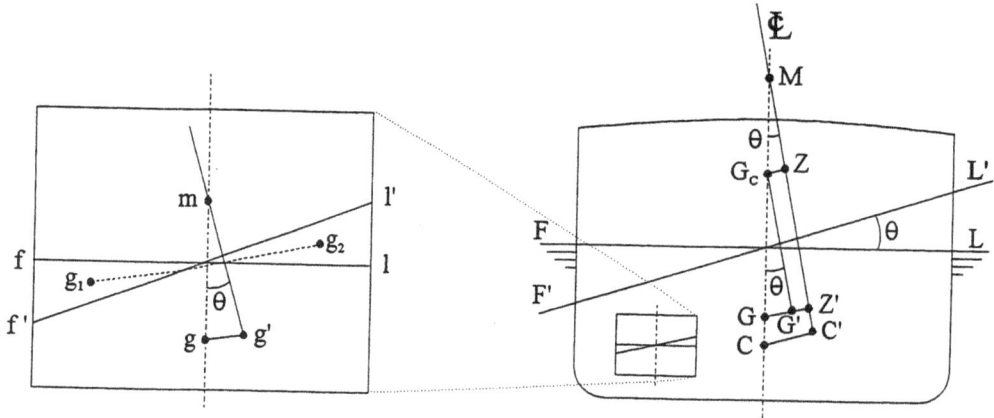

Fig. 11.6 Efecto de la superficies libres

Al tratarse de una carga homogénea el centro de gravedad del peso y del volumen coinciden.

El centro de gravedad del buque se trasladará un valor GG', y paralelamente a gg'.

$$GG' = \frac{p \cdot gg'}{D} \tag{11.8}$$

Sin embargo, el cálculo de los valores gg' para diferentes escoras requiere el conocimiento previo del peso del líquido trasladado y de su brazo. En lugar de hallar estos datos, los conocimientos adquiridos sobre carenas se aplican a la carena interior.

Pasando por C' se traza la nueva línea de empuje, con lo que se obtiene el metacentro inicial transversal, M. Desde G' y g' se trazan dos verticales, por tanto paralelas a la línea de empuje, cortando la primera a la línea central en G_c, y la segunda su línea de simetría en un punto m. Los triángulos GG'G_c y gg'm construidos son semejantes, estableciendo la siguiente relación entre sus lados,

$$\frac{GG'}{gg'} = \frac{GG_c}{gm} \qquad (11.9)$$

El valor de gm, en que m será el metacentro de la carena interior, será

$$gm = \frac{i}{v_l} \qquad (11.10)$$

gm   radio metacéntrico de la carena interior

i   inercia transversal de la superficie libre con respecto a un eje longitudinal que pase por su centro de gravedad

v_l volumen del líquido

Por otra parte se observa que los brazos G_cZ y G'Z' son iguales, por ser paralelos y estar comprendidos entre paralelas. Es decir, a efectos del brazo de estabilidad, es lo mismo que el centro de gravedad del buque esté en G', que en una situación virtual G_c.

Introduciendo las relaciones 11.9 y 11.10 en la ecuación 11.8,

$$GG_c = \frac{p \cdot gm}{D}$$

$$GG_c = \frac{v_l \cdot \gamma \cdot \dfrac{i}{v_l}}{D}$$

$$GG_c = \frac{i \cdot \gamma}{D} \qquad (11.11)$$

De esta manera se calcula el valor GG_c, que es la corrección por superficies libres, para una situación virtual del centro de gravedad G_c en lugar de la real G'.

Si la superficie libre fuera rectangular, el valor de la inercia sería

$$i = \frac{1}{12} \cdot e \cdot m^3 \qquad (11.12)$$

e   eslora de la superficie libre del tanque

m   manga de la superficie libre del tanque

i·γ es el momento de la superficie libre, expresado en Tm x m.

$$i \cdot \gamma = m^4 \ x \ \frac{Tm}{m^3} = Tm \ x \ m$$

La corrección por superficies libres es dato de la información del buque, (Apéndice I), y se utiliza para calcular la escora y el brazo GZ.

a) Cálculo de la escora, con superficies libres

$$GG_c = \frac{i \cdot \gamma}{D}$$

$$KG_c = KG + GG_c \qquad\qquad (11.13)$$

$$GM_c = KM - KG_c \qquad\qquad (11.14)$$

$$tg \ \theta = \frac{\mathⒸG}{GM_c} \qquad\qquad (11.15)$$

Teniendo en cuenta que la utilización de la fórmula de la tangente está restringida a la estabilidad inicial.

b) Cálculo del brazo GZ, corregido de superficies libres

$$GZ_c = KN - KG_c \cdot sen \ \theta - \mathⒸG \cdot \cos \theta \qquad\qquad (11.16)$$

11.7 Cálculo del GZ para buques de costados verticales

En la figura 11.7, sobre la línea central están situados el centro de gravedad, G, y el centro de carena, C, correspondientes a la posición inicial. Debido a la escora, C se trasladará a C',siendo CC_1 el movimiento transversal y C_1C' el movimiento vertical. Se recuerdan dos ecuaciones de estos movimientos

$$CC_1 = \frac{I}{\nabla} \cdot tg \ \theta \qquad\qquad (11.17)$$

$$C_1C' = \frac{I}{\nabla} \frac{tg^2\theta}{2} \qquad (11.18)$$

CC_1 movimiento transversal del c.de c.

C_1C' movimiento vertical del c. de c.

I   inercia transversal de la superficie de flotación con respecto a un eje longitudinal que pasa por F

∇ volumen sumergido

θ ángulo de escora

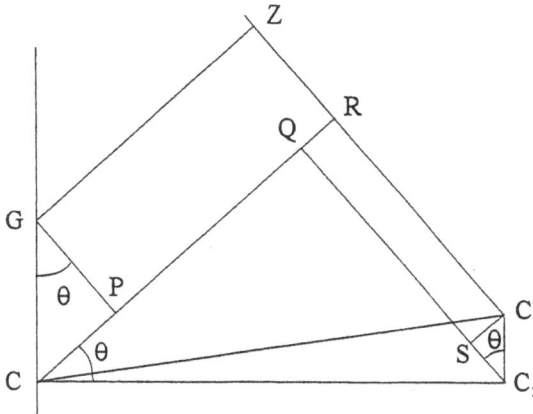

Fig. 11.7 Cálculo del GZ para buques de costados verticales

Desde G se traza el brazo GZ, y desde C una paralela CR a este brazo. Sobre CR, se trazan perpendiculares desde G, GP, y desde C_1, C_1Q. C'S es igual y paralelo a RQ. Los ángulos en G, QCC_1 y en C_1 tienen el mismo valor, θ, igual a la escora tomada por el buque.

$$GZ = CQ + QR - CP$$

$$CQ = CC_1 \cdot \cos \theta$$

$$CQ = \frac{I}{\nabla} \cdot tg\,\theta \cdot \cos \theta$$

$$QR = C'S = C_1C' \cdot sen\,\theta$$

$$QR = \frac{I}{\nabla} \cdot \frac{tg^2\theta}{2} \cdot sen\ \theta$$

$$CP = CG \cdot sen\ \theta$$

$$GZ = \frac{I}{\nabla} \cdot tg\ \theta \cdot cos\ \theta + \frac{I}{\nabla} \cdot \frac{tg^2\theta}{2} \cdot sen\ \theta - CG \cdot sen\ \theta$$

$$GZ = sen\ \theta \left(\frac{I}{\nabla} + \frac{I}{\nabla} \cdot \frac{tg^2\theta}{2} - CG \right)$$

$$GZ = sen\ \theta \left(CM + CM \cdot \frac{tg^2\theta}{2} - CG \right)$$

$$GZ = sen\ \theta \left(GM + CM \cdot \frac{tg^2\theta}{2} \right) \qquad (11.19)$$

Que es la ecuación para hallar el GZ, aplicada al caso de buques con costados verticales.

11.8 Análisis de la fórmula del brazo GZ para buques de costados verticales

La ecuación deducida es

$$GZ = sen\ \theta \left(GM + CM \cdot \frac{tg^2\theta}{2} \right)$$

El análisis se hará para los supuestos de GM positivo, negativo y cero.

a) GM positivo

Para que exista equilibrio el brazo GZ debe ser igual a cero.

$$0 = sen\ \theta \left(GM + CM \cdot \frac{tg^2\theta}{2}\right) \qquad (11.20)$$

La ecuación se cumplirá cuando

$$sen\ \theta = 0$$

$$\theta = 0°$$

Por otra parte,

$$0 = GM + CM \cdot \frac{tg^2\theta}{2}$$

despejando tg θ

$$tg\ \theta = \pm \sqrt{\frac{-2GM}{CM}}$$

que no tiene soluciones reales.

b) GM negativo

Partiendo de la condición de equilibrio,

$$0 = sen\ \theta \left(GM + CM \cdot \frac{tg^2\theta}{2}\right)$$

$$0 = GM + CM \cdot \frac{tg^2\theta}{2}$$

$$tg\ \theta = \pm \sqrt{\frac{-2GM}{CM}} \qquad (11.21)$$

Al ser el valor del GM negativo, el numerador (-2GM) quedará positivo. La escora tendrá dos soluciones con el mismo valor, una a estribor y otra a babor, lo que es totalmente consecuente con el efecto de un GM negativo, tema ya tratado.

c) GM cero

Nuevamente partiendo de la situación de equilibrio

$$0 = sen\ \theta \left(GM + CM \cdot \frac{tg^2\theta}{2} \right)$$

$$0 = CM \cdot \frac{tg^2\theta}{2} \cdot sen\ \theta$$

La solución será $\theta = 0°$, que se cumple tanto para el seno como para la tangente de la escora.

11.9 Cálculo de la escora y del brazo GZ, cuando GM < 0 y ₵G = 0

La escora se obtendrá a partir de la fórmula del GZ para buques de costados verticales, cuya condición inicial era la de que el buque estaba adrizado,

$$tg\ \theta = \pm \sqrt{\frac{-2GM_c}{CM}} \tag{11.22}$$

estando el GM corregido por superficies libres.

Para la curva de brazos GZ se utilizará la fórmula ya conocida de

$$GZ = KN - KG_c \cdot sen\ \theta \tag{11.23}$$

La curva parte de cero, (Fig. 11.8), y se hace negativo. Si existe un ángulo de escora debido a GM negativo, el GZ se hará cero cortando a las abscisas y pasando a ser positivo. Hay que tener en cuenta que ciertos tipos de buques pueden considerarse de costados verticales, pero solamente en la zona próxima a los calados de servicio. Si la escora queda fuera de la zona de costados verticales, será necesario obtenerla por la curva GZ.

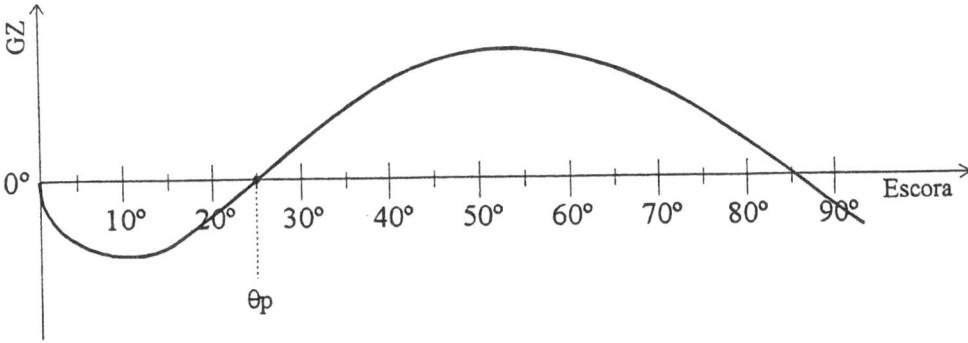

Fig. 11.8 Curva GZ para GM <0 y $\mathcal{L}G = 0$

11.10 Cálculo de la escora y del brazo GZ, cuando GM < 0 y $\mathcal{L}G \neq 0$

En este caso, y aunque se esté dentro de la estabilidad inicial, hay que acudir a trazar la curva GZ para hallar la escora.

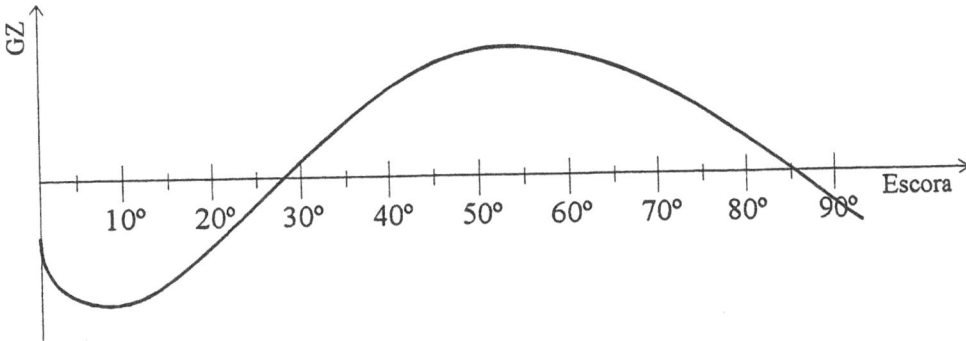

Fig. 11.9 Curva GZ para GM < 0 y $\mathcal{L}G \neq 0$

En efecto, si se analizan las dos ecuaciones para calcular la escora, una para GM positivo, y la otra para GM negativo y $\mathcal{L}G$ cero,

$$tg\ \theta\ =\ \frac{\mathcal{L}G}{GM_c}$$

$$tg \ \theta = \pm \sqrt{\frac{-2GM_c}{CM}}$$

resulta que ninguna de ellas puede utilizarse para el caso propuesto, $GM < 0$ y $\pounds G \neq 0$.

La solución hay que buscarla a través de la curva GZ, (Fig. 11.9).

$$GZ = KN - KG_c \cdot sen \ \theta - \pounds G \cdot cos \ \theta \qquad\qquad (11.24)$$

Esta curva partirá del valor $GZ = -\pounds G$, con signo negativo debido a que representa la banda de la escora, y seguirá descendiendo. En el caso de que la curva cambie de sentido y empiece a subir, podrá cortar a la línea de abscisas dando un valor de escora permanente para la banda de estabilidad más crítica.

11.11 Efecto del movimiento transversal de un peso sobre la estabilidad

Al trasladar un peso transversalmente se introduce un par de fuerzas escorante, que reduce la estabilidad del buque, (Fig. 11.10). Los valores de los momentos adrizante y escorante son:

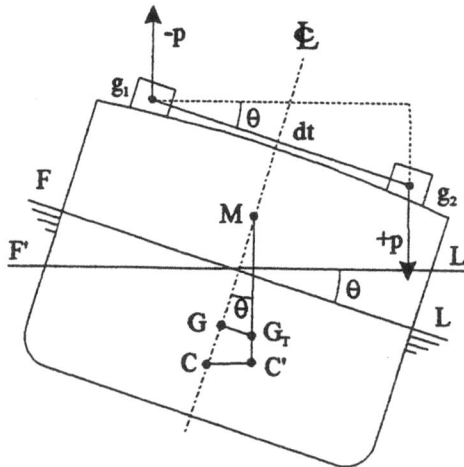

Fig. 11.10 Par escorante debido al movimiento transversal de un peso

$$P_a = D \cdot GZ \tag{11.25}$$

$$P_e = p \cdot brazo$$

$$P_e = p \cdot dt \cdot \cos \theta \tag{11.26}$$

P_a par adrizante
P_e par escorante

La escora en la que quedará el buque debido al peso desimétrico será aquella para la que se igualen ambos pares.

$$P_a = P_e \tag{11.27}$$

$$D \cdot GZ = p \cdot dt \cdot \cos \theta \tag{11.28}$$

Dentro de la estabilidad inicial

$$GZ = GM \cdot sen \ \theta$$

$$D \cdot GM \cdot sen \ \theta = p \cdot dt \cdot \cos \theta \tag{11.29}$$

$$tg \ \theta = \frac{p \cdot dt}{D \cdot GM} \tag{11.30}$$

que es la ecuación ya conocida de la escora.

Fuera de la estabilidad inicial,

$$\cos \theta = \frac{D \cdot GZ}{p \cdot dt} \tag{11.31}$$

ecuación con dos incógnitas, θ y GZ. Para hallar la escora de equilibrio habrá que acudir a trazar las curvas de los pares adrizante y escorante.

$$GZ = KN - KG_c \cdot sen\ \theta \tag{11.32}$$

$$P_a = D \cdot GZ \tag{11.33}$$

$$P_e = p \cdot dt \cdot cos\ \theta \tag{11.34}$$

para la escora de 0°

$$P_e = p \cdot dt$$

y para la escora de 90°

$$P_e = 0$$

Las curvas, (Fig. 11.11), se cortarán dando un ángulo de escora, denominado ángulo de equilibrio estático.

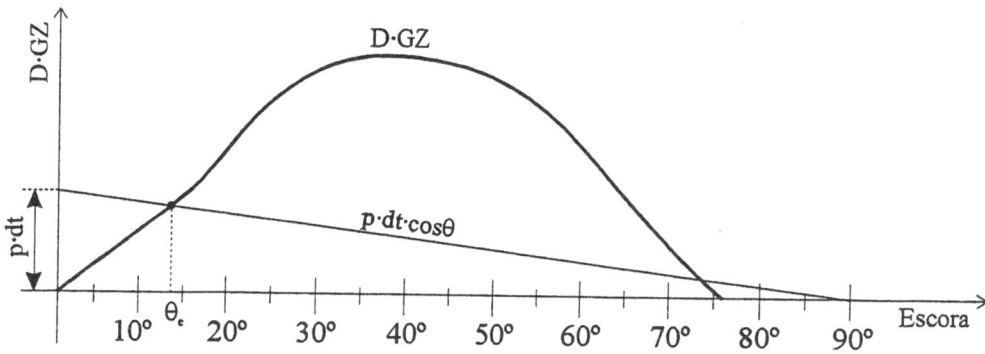

Fig. 11.11 Curvas del par adrizante y del par escorante

Estas curvas se pasarían a brazos, dividiendo las respectivas ecuaciones por el desplazamiento

$$P_a = D \cdot GZ$$

$$brazo_a = GZ \tag{11.35}$$

$$P_e = p \cdot dt \cdot cos\ \theta$$

$$brazo_e = \frac{p \cdot dt}{D} \cdot \cos \theta = \mathcal{L}G \cdot \cos \theta \qquad (11.36)$$

siendo $brazo_a$ y $brazo_e$, los brazos adrizante y escorante. Entre las curvas de pares y de brazos, la diferencia es únicamente un factor de escala, que es el desplazamiento del buque.

11.12 Reserva de estabilidad

Se denomina reserva de estabilidad, para un ángulo de escora cualquiera, a la diferencia entre el par adrizante y el par escorante.

$$RE = P_a - P_e \qquad (11.37)$$

RE   reserva de estabilidad
P_a par adrizante
P_e par escorante

$$P_a > P_e \qquad RE > 0$$

$$P_a < P_e \qquad RE < 0$$

$$P_a = P_e \qquad RE = 0$$

La reserva de estabilidad será positiva cuando el par adrizante sea mayor que el escorante, y negativa cuando sea menor. Dado que el ángulo de equilibrio estático tiene lugar cuando los dos pares se igualan, la reserva será cero.

Observando la figura 11.11, al principio hay reserva de estabilidad negativa, que va disminuyendo hasta el ángulo de equilibrio estático. A partir de aquí y hasta el segundo ángulo para el que vuelven a igualarse los pares adrizante y escorante, la reserva de estabilidad es positiva, y desde éste, ángulo límite de estabilidad, se hará negativa.

Cuando el momento del par escorante alcance un valor tal que las curvas sólo lleguen a tangentear, siendo la reserva de estabilidad negativa antes y después de este punto de tangencia, al ángulo de equilibrio correspondiente a ese punto se le denomina ángulo crítico estático.

Aplicando la reserva de estabilidad a los brazos

$$RE = GZ - \mathcal{L}G \cos \theta \qquad (11.38)$$

$$RE = KN - KG_c \cdot sen\ \theta - ₵G \cdot cos\ \theta \qquad (11.39)$$

que es la ecuación conocida para hallar el GZ residual cuando el buque tiene escora inicial debido a pesos desimétricos.

$$GZ_r = KN - KG_c \cdot sen\ \theta - ₵G \cdot cos\ \theta \qquad (11.40)$$

GZ_r GZ residual

Usualmente al GZ_r se le denomina, simplemente, GZ.

11.13 Peso suspendido. Efecto sobre la estabilidad

Supóngase un peso sobre la cubierta y el extremo del puntal sobre él, a una distancia vertical, l. Al izar el peso el efecto será el de disminuir la estabilidad. Si se introduce una pequeña escora al buque, (Fig. 11.12), el peso se trasladará conservando la verticalidad.

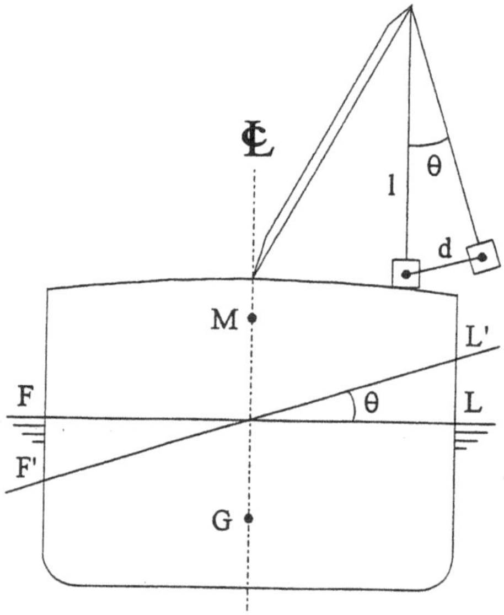

Fig. 11.12 Pesos suspendidos

El par adrizante para escoras iniciales será

$$D \cdot GM_c \cdot sen \ \theta$$

y el par escorante

$$p \cdot d$$

poniendo la distancia, d, en función de la longitud, l, entre el penol y la posición inicial del peso

$$d = l \cdot sen \ \theta$$

siendo entonces el par escorante

$$p \cdot l \cdot sen \ \theta$$

El momento residual se determina restando al par adrizante el par escorante

$$D \cdot GZ_r = D \cdot GM_c \cdot sen \ \theta - p \cdot l \cdot sen \ \theta$$

$D \cdot GZ_r$ momento residual

operando con la ecuación anterior

$$D \cdot GZ_r = D \cdot sen \ \theta \left(GM_c - \frac{p \cdot l}{D} \right)$$

El término que se resta a la altura metacéntrica, es equivalente a suponer que el peso se hubiera trasladado desde su posición al extremo del puntal. El valor del traslado vertical sería

$$GG_v = \frac{p \cdot dv}{D}$$

siendo dv = l.

12 Estabilidad dinámica

12.1 Definición y cálculo de la estabilidad dinámica

Hasta ahora se ha estudiado la estabilidad del buque desde el punto de vista estático, cuando la verdadera medida se basa en consideraciones dinámicas.

Se llama estabilidad dinámica de un buque, para un ángulo de inclinación θ, el trabajo que hay que efectuar para llevarlo desde la posición de equilibrio a la inclinación isocarena θ, suponiendo que el eje de inclinación sea constante y que la resistencia de los medios agua y aire sea nula.

12.1.1 Cálculo de la estabilidad dinámica a partir de las curvas de estabilidad estática

Desde el contexto en el cual se ha estudiado la estabilidad, se puede resumir indicando que la estabilidad dinámica del buque es el trabajo realizado al escorar el buque un ángulo en concreto. En la figura 12.1, el área de la zona sombreada es el trabajo hecho al escorar el buque desde un ángulo θ a $\theta + d\theta$, y es igual a

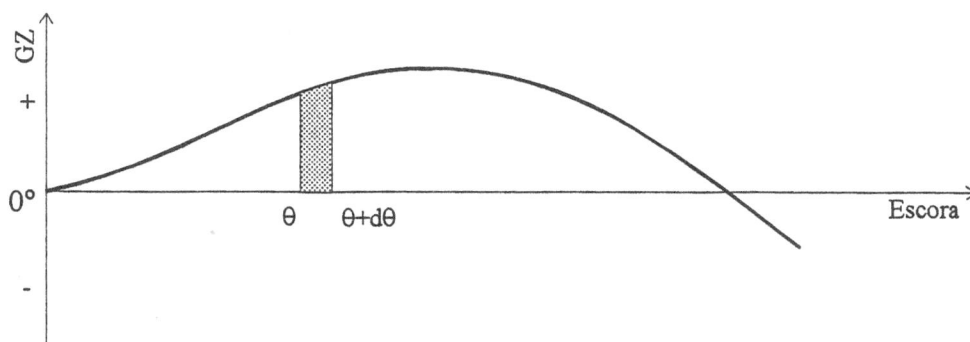

Fig. 12.1 Medida del trabajo realizado entre dos escoras

$$GZ \cdot d\theta \qquad\qquad (12.1)$$

de lo que sigue que el trabajo total realizado al escorar el buque, desde la posición de adrizado hasta un ángulo θ, será

$$ED = \int_{0}^{\theta} GZ \cdot d\theta \qquad\qquad (12.2)$$

ED   Estabilidad dinámica

con brazos residuales (brazo adrizante menos brazo escorante), y

$$ED = \int_{0}^{\theta} D \cdot GZ \cdot d\theta \qquad\qquad (12.3)$$

con momentos residuales.

Por tanto, hallando el área encerrada bajo la curva se obtendrá la estabilidad dinámica. Si se utiliza la curva de pares, las unidades serán Tm x mm x radianes, dado que $d\theta$ se da en radianes. Los brazos también se podrían dar en m en lugar de mm. Si la curva es de brazos, que es lo habitual, el resultado vendrá en mm x radianes. Siguiendo con este segundo supuesto y tomando $d\theta = 10°$, las áreas parciales se calcularán substituyéndolas por trapecios.

Tabla 12.1 Cálculo de la estabilidad dinámica

Escoras	GZ medio mm	dθ radianes r	Dinámica parcial mm x r	Dinámica total mm x r
0° - 10°	$(GZ_{0°}+GZ_{10°})/2$	0,1745	$GZ_{5°}$ x 0,1745	$\Sigma(0°\text{-}10°)$
10° - 20°	$(GZ_{10°}+GZ_{20°})/2$	0,1745	$GZ_{15°}$ x 0,1745	$\Sigma(0°\text{-}20°)$
20° - 30°	$(GZ_{20°}+GZ_{30°})/2$	0,1745	$GZ_{25°}$ x 0,1745	$\Sigma(0°\text{-}30°)$
,	,	,	,	,
,	,	,	,	,

La amplitud de 10° se pasa a radianes de la siguiente manera,

$$1 \; radián = \frac{2\Pi}{360} = 0.01745$$

$$10° \; x \; 0{,}01745 = 0{,}1745$$

La representación de la curva, (Fig. 12.2), partirá de cero, y en 10°, 20°, 30°, ..., se tomarán en ordenadas los valores de la dinámica total. En el cálculo se deberá tener en cuenta los tramos de escora que, en este caso, sean menores de 10°. Esto ocurre generalmente para el ángulo límite de estabilidad, que es hasta el que se realiza el cálculo de la dinámica, y cuando el buque tenga escora inicial. Las amplitudes se pasarán a radianes, multiplicando los grados por 0,01745.

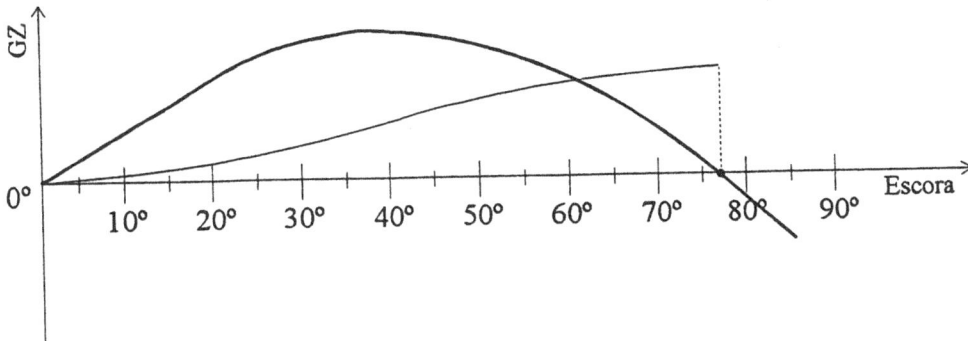

Fig. 12.2 Curvas de estabilidad estática y dinámica

12.1.2 Cálculo de la estabilidad dinámica para la estabilidad inicial

En la estabilidad inicial se cumple que

$$GZ = GM \cdot sen\theta \approx GM \cdot d\theta \tag{12.4}$$

$d\theta$ en radianes.

El valor de la estabilidad dinámica será:

$$\int_0^\theta D \cdot GZ \cdot d\theta = \int_0^\theta D \cdot GM \cdot d\theta \cdot d\theta$$

$$ED = \frac{1}{2} D \cdot GM \cdot d^2\theta \qquad\qquad (12.5)$$

12.1.3 Fórmula de Moseley

Las fuerzas que actúan sobre el buque son el desplazamiento y el empuje, aplicadas, la primera sobre el centro de gravedad y la segunda sobre el centro de carena. El trabajo realizado al escorar el buque será, también, el trabajo que separa verticalmente estos dos puntos. Si se mide la variación vertical del brazo entre G y C, se tendrá la medida de la estabilidad dinámica. Por tanto el trabajo será una de las fuerzas por el incremento del brazo, (fig. 12.3),

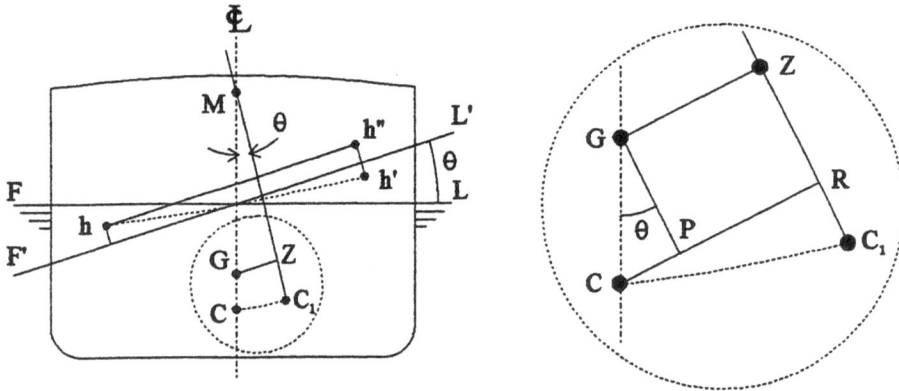

Fig. 12.3 Cálculo de la estabilidad. Fórmula de Moseley

$$D \cdot (C_1 Z - CG)$$

$$C_1 Z = C_1 R + RZ$$

$$RZ = PG = CG \cdot \cos\theta$$

Del efecto producido por las cuñas sobre el centro de carena, se obtiene $C_1 Z$

$$C_1 R \cdot \nabla = h'h'' \cdot v_c$$

$$C_1R = \frac{v_c \cdot h'h''}{\nabla}$$

$$C_1Z = \frac{v_c \cdot h'h''}{\nabla} + CG \cdot \cos\theta$$

y de aquí,

$$D\,(C_1Z - CG) = D\left(\frac{v_c \cdot h'h''}{\nabla} + CG \cdot \cos\theta - CG\right)$$

$$ED = D\left(\frac{v_c \cdot h'h''}{\nabla} - CG\,(1 - \cos\theta)\right) \tag{12.6}$$

Evidentemente, es más cómodo el cálculo por el método basado en la curva de estabilidad estática, por lo que será el utilizado.

12.2 Efecto de un par de escora

En el capítulo anterior se halló que un par de escora era igual a

$$P_e = p \cdot dt \cdot \cos\theta$$

siendo por otra parte la curva del par adrizante, D.GZ. En los puntos de corte de estas dos curvas se hallan el ángulo de equilibrio estático, el primero, y el ángulo límite de estabilidad, el segundo.

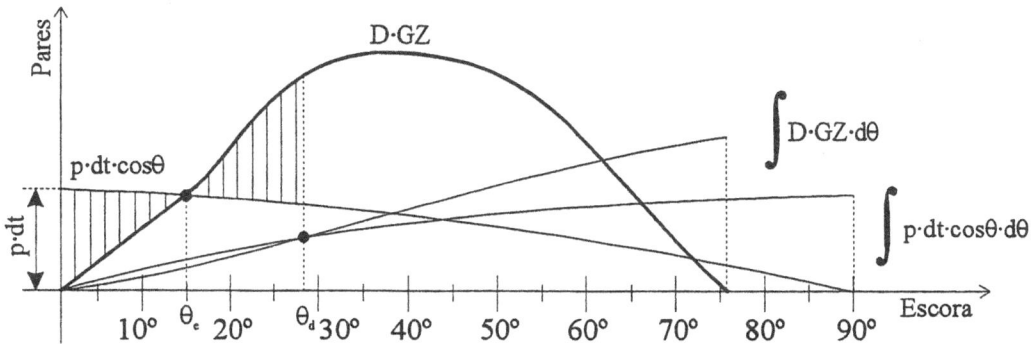

Fig. 12.4 Curvas estáticas y dinámicas. Ángulos de equilibrio estático y dinámico

Trazando las curvas de estabilidad dinámica correspondientes a las estáticas de pares o brazos adrizantes y escorantes, (Fig. 12.4), donde se corten quedará definido el *ángulo de equilibrio dinámico* (θ_d). A partir de este ángulo la reserva de estabilidad debe ser positiva. Si coincide con el ángulo límite de estabilidad, que tiene reserva de estabilidad cero, y a partir de él es negativa, este ángulo de equilibrio dinámico se denomina *ángulo crítico dinámico*, (θ_{cd}), (Fig. 12.5). Las curvas dinámicas de los pares adrizante y escorante se obtendrán a partir del cálculo de sus respectivas áreas, por tanto, integrando a lo largo del eje de abscisas,

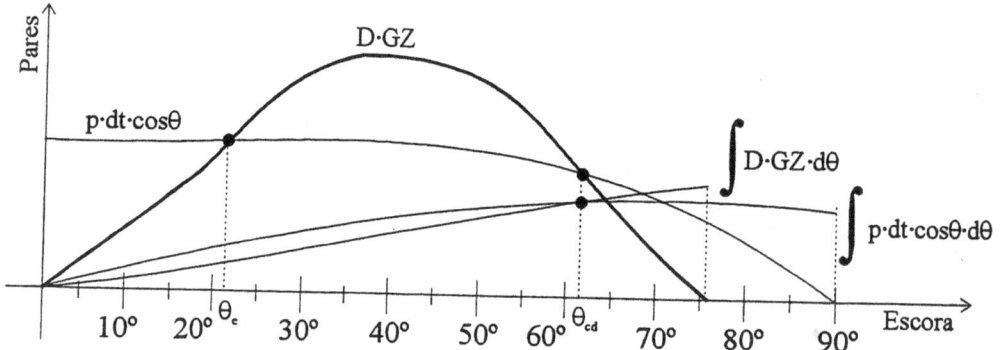

Fig. 12.5 Curvas estáticas y dinámicas. Ángulo crítico dinámico

$$\int_0^\theta D \cdot GZ \cdot d\theta \tag{12.7}$$

$$\int_0^\theta p \cdot dt \cdot \cos\theta \cdot d\theta \tag{12.8}$$

La curva de pares adrizantes tiene un punto de inflexión que coincidirá con la escora del GZ máximo.

12.3 Importancia de la estabilidad dinámica

Introduciendo un par escorante de forma brusca, la fuerza viva será igual al trabajo del par adrizante (energía potencial) menos el trabajo del par escorante (energía cinética).

$$dEc = \frac{1}{2} I_x \cdot \omega_\theta^2 = \int_0^\theta P_a \cdot d\theta - \int_0^\theta P_e \cdot d\theta \tag{12.9}$$

dEc   energía cinética neta

I_X momento de inercia del buque con respecto a un eje longitudinal, que es el eje de giro

ω_θ velocidad angular para la escora θ

Cuando se igualan los trabajos del par adrizante y el par escorante

$$\int_0^\theta P_a \cdot d\theta = \int_0^\theta P_e \cdot d\theta \tag{12.10}$$

esto es, cuando se igualen las áreas bajo las curvas estáticas respectivas, la energía cinética resultante será cero,

$$dEc = \frac{1}{2} I_x \cdot \omega_\theta^2 = 0 \tag{12.11}$$

lo cual indica que la velocidad angular será cero y el buque se parará momentáneamente. En la figura 12.4, para esta situación se indica el ángulo de equilibrio dinámico, θ_d, siendo iguales las áreas de las zonas sombreadas.

La energía potencial del par adrizante se convierte en energía cinética y el buque iniciará el movimiento de contraescora o adrizamiento. Después de realizar una serie de oscilaciones alrededor del ángulo de equilibrio estático, el buque se detendrá y quedará en equilibrio con esta escora. Para que esto ocurra así, la escora correspondiente al ángulo de equilibrio dinámico del buque debe tener reserva de estabilidad positiva.

12.4 Par escorante debido al viento

Supuesto un viento de través sobre el buque, dado que esta será la peor de las condiciones para la estabilidad transversal, generará una fuerza sobre la superficie del casco que está por encima de la línea de flotación, incluidas las superestructuras. Sobre la carena se formará una fuerza hidrodinámica de resistencia producida por el movimiento de abatimiento del buque. A esta fuerza se le denomina resistencia lateral del agua. Como punto de aplicación de la fuerza del viento puede tomarse el centro de gravedad de la superficie expuesta, centro vélico, mientras que el punto de aplicación de la resistencia lateral del agua es difícil de obtener. Una apreciación bastante utilizada es situarlo a la mitad del calado. El brazo entre estos dos centros, el centro vélico y el centro de resistencia lateral del agua, será el del par de fuerzas formado por el viento y la resistencia lateral del agua. En la figura 12.6, se tiene

Fv   fuerza del viento

Cv   centro vélico

F_{RL} fuerza de resistencia lateral del agua

C_{RL} centro de resistencia lateral del agu.

h, h'   brazos

θ escora

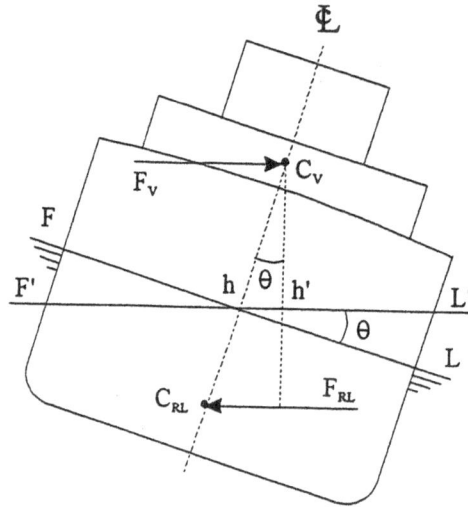

Fig. 12.6 Par escorante producido por el viento

La fuerza del viento se calculará conociendo la presión del mismo y la superficie expuesta del buque. Cuando el buque escora el área expuesta se reducirá en función del coseno de la escora, y lo mismo ocurrirá con el brazo.

$$Fv = Pv \cdot Sv \cdot \cos\theta$$

Fv   fuerza del viento

Pv   presión del viento

Sv   área expuesta al viento

Es conveniente obtener la fuerza del viento en Tm. El par escorante será

$$P_e = Fv \cdot brazo$$

$$brazo = h \cdot \cos\theta$$

$$P_e = Fv \cdot Sv \cdot h \cdot \cos^2\theta$$

La presión del viento es proporcional al cuadrado de la velocidad, existiendo diferentes fórmulas que relacionan estos dos datos.

Con los pares adrizante y escorante se hallarán las curvas estáticas y a partir de ellas las dinámicas. De las primeras se obtendrá el ángulo de equilibrio estático y de las segundas el ángulo de equilibrio dinámico. Aumentando la presión del viento, y por tanto el par escorante, se podrán trazar diversas curvas que, contra el mismo par adrizante, indicarán que intensidad del viento puede llevar al buque a los ángulos críticos estático o dinámico.

12.5 Criterios de estabilidad

En base a datos estadísticos y con criterios técnicos se han dado unos valores mínimos de estabilidad a fin de que los buques pueden navegar con la mayor seguridad posible en este aspecto.

Los criterios se basan en valores mínimos, como se ha indicado, que pueden afectar a la altura metacéntrica, a la estabilidad estática y a la dinámica.

12.5.1 Criterio de Rahola

El criterio de Rahola se aplica a los buques de E $\geq$ 100 m. Se denomina, también, Regla de los Mínimos.

a) Valores GZ mínimos:

$$GZ_{20°} \geq 140 \text{ mm}$$
$$GZ_{30°} \geq 200 \text{ mm}$$
$$GZ_{40°} \geq 200 \text{ mm}$$

b) El GZ máximo debe estar comprendido entre 30° y 40°.

c) El valor mínimo para el brazo dinámico de 40° o para el ángulo de inundación, si éste es menor, es de 80 mm x r.

El ángulo de inundación para un desplazamiento determinado es el ángulo para el cual el buque puede sufrir una inundación progresiva.

12.5.2 Criterio de la IMO para buques de carga y pasaje menores de 100 m de eslora (excepto los madereros y portacontenedores con cubertada)

a) La altura metacéntrica inicial corregida de superficies libres de líquidos no será menor de 150 mm.

$$GM_C \geq 150 \text{ mm}$$

b) El brazo adrizante, GZ, será como mínimo de 200 mm para un ángulo de escora igual o mayor de 30°.

$$GZ_{30°} \geq 200 \text{ mm}$$

c) El máximo brazo adrizante, GZ, corresponderá a un ángulo de escora, el cual es preferible que exceda de 30°, pero que nunca será menor de 25°.

d) El área bajo la curva de brazos adrizantes, GZ, no deberá ser menor de 55 mm x radián, hasta un ángulo de escora igual a 30°, ni menor de 90 mm x radián hasta un ángulo de 40°, o hasta al ángulo de inundación θ_f, si éste es menor de 40°.

θ_f es el ángulo de escora para el que se sumerge alguna de las aberturas del casco, superestructuras o casetas que no puedan cerrarse de modo estanco. Al aplicarse este criterio no se considerarán las pequeñas aberturas por las que no puede tener lugar una inundación progresiva.

Por otra parte, el área bajo la curva de brazos adrizantes, GZ, entre los ángulos de escora de 30° y 40°, o entre 30° y θ_f, si θ_f es menor de 40°, no será menor de 30 mm x radián.

$$\int_0^{30} GZ \cdot d\theta \geq 55 \text{ mm x } r$$

$$\int_0^{40 \text{ o } \theta_f} GZ \cdot d\theta \geq 90 \text{ mm x } r$$

$$\int_{30}^{40 \text{ ó } \theta_f} GZ \cdot d\theta \geq 30 \text{ mm x } r$$

En el cálculo del GM y de las curvas de estabilidad estática y dinámica, hay que tener en cuenta el peso de elementos ocasionales como el peso del hielo que se forma sobre la cubierta, superestructuras y palos, o el peso del agua embarcada y que puede permanecer durante un cierto tiempo a bordo, como es el caso de espacios que desalojen mal, o la absorción de una cubertada de madera.

12.5.3 Criterios con viento y mar

Algunos criterios tienen en cuenta la influencia del viento y de la mar, tomando un margen en la estabilidad dinámica que cubre la posible energía cinética debida a estos elementos. Una respuesta al problema se presenta en la figura 12.7, trazando las curvas de pares adrizante y escorante hasta 25° hacia la izquierda (hacia el origen) del ángulo de equilibrio estático.

a) El valor del brazo adrizante GZ correspondiente al ángulo de equilibrio estático no será mayor que el 60% del GZ máximo.

$$GZ\theta e \leq 0,6 \; GZ \; máximo$$

b) El área sombreada A_1 no será menor que el 1,4 del área sombreada A_2.

$$A_1 \geq 1,4 \; A_2$$

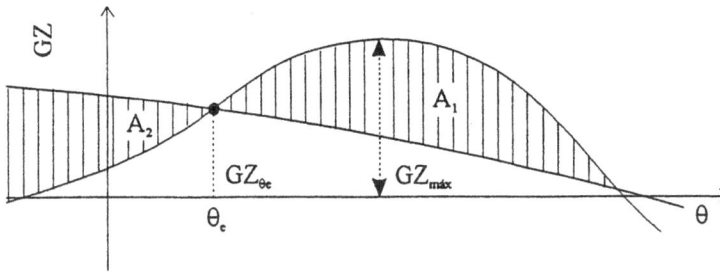

Fig. 12.7 Criterio con viento y mar

13 Efectos de la carga, descarga y el traslado de pesos en la escora, estabilidad y los calados del buque

13.1 Corrección por superficies libres de líquidos

Esta corrección es debida a tanques que contienen líquidos y que están parcialmente llenos. Se exponen dos métodos de corrección de superficies libres; el primero, que ya se explicó en su momento, para buques de E $\geq$ 100 m, y el segundo para buques de E $<$ 100 m, a los que sea aplicable el criterio de estabilidad de la IMO.

a) Buques de E $\geq$ 100 m

Las correcciones al GM y al GZ, son

$$GM_c = GM - GG_c$$

$$GG_c = \frac{i \cdot \gamma}{D}$$

en el caso concreto de una superficie libre rectangular

$$i = \frac{1}{12} \cdot e \cdot m^3$$

El brazo, GZ, se obtendrá corrigiendo el KG del buque

$$KG_c = KG + GG_c$$

$$GZ = KN - KG_c \cdot sen\ \theta - \text{\textcent}G \cdot \cos\ \theta$$

La corrección por superficies libres afecta solamente al calculo de la escora y del brazo GZ.

GM   altura metacéntrica
GM_c altura metacéntrica corregida
GG_c corrección por superficies libres
i   inercia de la superficie libre con respecto a un eje longitudinal
γ densidad del líquido del tanque
e   eslora de la superficie libre del tanque
m   manga de la superficie libre del tanque
KG   KG del buque
KG_c KG del buque corregido de superficies libres

b) Buque de E < 100 m, a los que sea aplicable el criterio de estabilidad de la IMO

Este método distingue entre tanques exceptuados y no exceptuados, siendo la corrección por superficies libres obligatoria solamente para los segundos.

La información del buque, (Apéndice I), da para las diferentes escoras un valor del momento producido por las cuñas de la carena interior.

$$Msl = k \cdot v \cdot m \cdot \gamma \cdot \sqrt{\delta}$$

Msl   momento de la superficie libre, para una escora determinada, en Tm x m
v   capacidad total del tanque en m^3
m   manga máxima del tanque en m
γ densidad en Tm / m^3
δ coeficiente de bloque o de afinamiento cúbico $= \dfrac{v}{e \cdot m \cdot p}$
e   eslora máxima del tanque en m
p   puntal máximo del tanque en m
k   coeficiente adimensional

cuando $cotg\ \theta \geq \dfrac{m}{p}$

$$k = \frac{sen\ \theta}{12}\left(1 + \frac{tg^2\theta}{2}\right) \cdot \frac{m}{p}$$

cuando $\quad cotg\ \theta \leq \dfrac{m}{p}$

$$k = \frac{\cos \theta}{8} \left(1 + \frac{tg\ \theta}{\dfrac{m}{p}} \right) - \frac{\cos \theta}{12 \left(\dfrac{m}{p} \right)^2} \left(1 + \frac{cotg^2\theta}{2} \right)$$

este coeficiente, k, está tabulado.

Serán tanques exceptuados aquellos cuyo valor sea

$$\frac{k_{30°} \cdot v \cdot m \cdot \gamma \cdot \sqrt{\delta}}{D_{minimo}} < 0.01\ m$$

1. Corrección al GM

$$GG_c = \frac{i \cdot \gamma}{D}$$

$$GM_c = GM - GG_c$$

2. Corrección al GZ

$$GZ = KN - KG \cdot sen\ \theta - ¢G \cdot \cos \theta - \frac{Msl_\theta}{D}$$

13.2 Carga o descarga de un peso

El peso debido a una carga tendrá valor positivo y si es descarga negativo.

13.2.1 Cálculo del centro de gravedad del buque después de la carga o descarga de un peso

a) Momentos con respecto a los ejes principales, K, ¢ y Ɇ

1. Vertical

$$D_F \cdot KG_F = D_I \cdot KG_I + p \cdot Kg$$

$$D_F = D_I + p$$

$$KG_F = \frac{D_I \cdot KG_I + p \cdot Kg}{D_F}$$

2. Transversal

$$D_F \cdot \text{\textcentoldstyle} G_F = D_I \cdot \text{\textcentoldstyle} G_I + p \cdot \text{\textcentoldstyle} g$$

$$D_F = D_I + p$$

$$\text{\textcentoldstyle} G_F = \frac{D_I \cdot \text{\textcentoldstyle} G_I + p \cdot \text{\textcentoldstyle} g}{D_F}$$

Signos positivos a estribor de ₵, y negativos a babor.

3. Longitudinal

$$D_F \cdot \otimes G_F = D_I \cdot \otimes G_I + p \cdot \otimes g$$

$$D_F = D_I + p$$

$$\otimes G_F = \frac{D_I \cdot \otimes G_I + p \cdot \otimes g}{D_F}$$

Signos positivos a popa de la ⊠, y negativos a proa.

D_I desplazamiento inicial
D_F desplazamiento final

p   peso

KG_I posición vertical inicial del centro de gravedad del buque sobre la quilla

KG_F posición vertical final del centro de gravedad del buque sobre la quilla

$¢G_I$ posición transversal inicial del centro de gravedad del buque con respecto a la línea central

$¢G_F$ posición transversal final del centro de gravedad del buque con respecto a la línea central

$⊠G_I$ posición longitudinal inicial del centro de gravedad del buque con respecto a la cuaderna maestra

$⊠G_F$ posición longitudinal final del centro de gravedad del buque con respecto a la cuaderna maestra

Kg   posición vertical del centro de gravedad del peso sobre la quilla

¢g   posición transversal del centro de gravedad del peso con respecto a la línea central

⊠g   posición longitudinal del centro de gravedad del peso con respecto a la cuaderna maestra

b) Momentos con respecto a ejes, paralelos a los principales, que pasen por G

1. Vertical

$$GG_v = \frac{p \cdot dv}{D_F}$$

$$D_F = D_I + p$$

$$dv = Kg - KG_I$$

$$KG_F = KG_I + GG_v$$

2. Transversal

$$GG_T = \frac{p \cdot dt}{D_F}$$

$$D_F = D_I + p$$

$$dt = ¢g - ¢G_I$$

$$\mathfrak{C}G_F = \mathfrak{C}G_I + GG_T$$

3. Longitudinal

$$GG_L = \frac{p \cdot dl}{D_F}$$

$$D_F = D_I + p$$

$$dl = \otimes g - \otimes G_I$$

$$\otimes G_F = \otimes G_I + GG_L$$

D_I desplazamiento inicial del buque
D_F desplazamiento final del buque
p   peso
KG_I KG inicial del buque
KG_F KG final del buque
Kg   Kg del peso
dv   distancia vertical entre los centros de gravedad del peso y del buque
GG_v movimiento vertical del centro de gravedad del buque
$\mathfrak{C}G_I$ $\mathfrak{C}$G inicial del buque
$\mathfrak{C}G_F$ $\mathfrak{C}$G final del buque
$\mathfrak{C}g$ $\mathfrak{C}$g del peso
dt   distancia transversal entre los centros de gravedad del peso y del buque
GG_T movimiento transversal del centro de gravedad del buque
$\otimes G_I$ $\otimes$G inicial del buque
$\otimes G_F$ $\otimes$G final del buque
$\otimes g$ $\otimes$g del peso
dl   distancia longitudinal entre los centros de gravedad del peso y del buque
GG_L movimiento longitudinal del centro de gravedad del buque

13.2.2 Cálculo de la escora

a) Estabilidad inicial, GM > 0

$$tg\ \theta = \frac{\text{\textcent}G_F}{GM_c}$$

b) Estabilidad para buques de costados verticales, GM < 0 y ¢G = 0

$$tg\ \theta = \pm \sqrt{\frac{-2GM_c}{CM}}$$

siendo CM el radio metacéntrico transversal.

c) Estabilidad para grandes escoras

Trazando la curva de estabilidad estática, el punto de corte de la misma con el eje de abscisas dará la escora.

El caso de GM < 0 y ¢G ≠ 0, se resolverá, también, trazando la curva.

13.2.3 Curva de estabilidad estática y dinámica

$$GZ = KN - KG_c \cdot sen\ \theta - \text{\textcent}G \cdot cos\ \theta$$

o bien,

$$GZ = KN - KG \cdot sen\ \theta - \text{\textcent}G \cdot cos\ \theta - \frac{Msl_\theta}{D}$$

para los buques de E < 100 m, a los que se aplique el criterio de estabilidad de la IMO.

La estabilidad dinámica se hallará calculando el área bajo la curva estática, por trapecios o por Simpson.

$$ED = \int_0^\theta GZ \cdot d\theta$$

13.2.4 Calados

a) Cálculo de la inmersión

La inmersión producida se calculará normalmente por la fórmula de las toneladas por centímetro, cuando se trate de un peso pequeño, o entrando en las curvas hidrostáticas con el desplazamiento, cuando se trate de un peso grande.

1. Peso pequeño

$$I = \frac{p}{T_c}$$

$$Cm_f = Cm_i + I$$

I   inmersión, en cm, positiva cuando se trate de una carga, y negativa en el caso de descarga
p   peso, en Tm
T_c toneladas por centímetro de inmersión
Cm_i calado medio inicial
Cm_f calado medio final

2. Peso grande

$$D_F = D_I + p$$

$$D_F \rightarrow CH \rightarrow Cm_f$$

b) Cálculo de los calados por la fórmula del asiento

$$\otimes G_L = \otimes C + CG_L$$

$$A \cdot Mu = D \cdot CG_L$$

$$A_{Pp} = \frac{A}{E} \cdot d_{Pp} \qquad\qquad d_{Pp} = \frac{E}{2} - \otimes F$$

$$Apr = \frac{A}{E} \cdot dpr \qquad\qquad dpr = \frac{E}{2} - \otimes F$$

$$Cpp_f = Cm_f + App$$

$$Cpr_f = Cm_f + Apr$$

$\otimes G_L$　posición longitudinal del centro de gravedad del buque, en m

$\otimes C$　posición longitudinal del centro de carena, en m

CG_L　brazo longitudinal entre el centro de carena y el centro de gravedad del buque, en m; positivo hacia popa y negativo hacia proa

A　asiento del buque, en cm; positivo apopante y negativo aproante

Mu　momento unitario para variar el asiento un centímetro, en Tm x m / cm

D　desplazamiento del buque, en Tm

App　asiento de popa, en cm

Apr　asiento de proa, en cm

E　eslora, en m

$\otimes F$　posición longitudinal del centro de flotación, en m

dpp　distancia desde F a la Ppp, en m

dpr　distancia desde F a la Ppr, en m. Hay que tener en cuenta que la distancia E/2 será hacia proa, y por tanto negativa, también será negativa la dpr

Cm_f　calado medio final

Cpp_f　calado de popa final

Cpr_f　calado de proa final

c) Cálculo de los calados por la fórmula de la alteración

$$a \cdot Mu = p \cdot d_F$$

a　alteración, en cm

Mu　momento unitario para variar el asiento (o la alteración) un centímetro, en Tm x m / cm

p　peso, en Tm

d_F　distancia longitudinal desde F al centro de gravedad del peso, en m; si es hacia popa será positivo, y hacia proa negativo

$$a_{pp} = \frac{a}{E} \cdot dpp \qquad\qquad dpp = \frac{E}{2} - \otimes F$$

$$a_{pr} = \frac{a}{E} \cdot dpr \qquad\qquad dpr = \frac{E}{2} - \otimes F$$

$$Cpp_f = Cpp_i + I + a_{pp}$$

$$Cpr_f = Cpr_i + I + a_{pr}$$

13.3 Traslado de un peso

En el caso del traslado de un peso el calado medio del buque no variará, ni tampoco su desplazamiento.

13.3.1 Cálculo del centro de gravedad del buque después del traslado

1. Vertical

$$GG_v = \frac{p \cdot dv}{D}$$

$$dv = Kg_2 - Kg_1$$

$$KG_F = KG_I + GG_v$$

2. Transversal

$$GG_T = \frac{p \cdot dt}{D}$$

$$dt = \mathbb{C}g_2 - \mathbb{C}g_1$$

$$\mathcal{C}G_F = \mathcal{C}G_I + GG_T$$

3. Longitudinal

$$GG_L = \frac{p \cdot dl}{D}$$

$$dl = \otimes g_2 - \otimes g_1$$

$$\otimes G_F = \otimes G_I + GG_L$$

D   desplazamiento

p   peso

KG_I KG inicial del buque

KG_F KG final del buque

GG_v movimiento vertical del centro de gravedad del buque

Kg_1 posición vertical inicial del centro de gravedad del peso

Kg_2 posición vertical final del centro de gravedad del peso

dv   distancia vertical entre la posición final e inicial del peso

$\mathcal{C}G_I$ $\mathcal{C}$G inicial del buque

$\mathcal{C}G_F$ $\mathcal{C}$G final del buque

GG_T movimiento transversal del centro de gravedad del buque

$\mathcal{C}g_1$ posición transversal inicial del centro de gravedad del peso

$\mathcal{C}g_2$ posición transversal final del centro de gravedad del peso

dt   distancia transversal entre la posición final e inicial del peso

$\boxtimes G_I$ $\boxtimes$G inicial del buque

$\boxtimes G_F$ $\boxtimes$G final del buque

GG_L movimiento longitudinal del centro de gravedad del buque

$\boxtimes g_1$ posición longitudinal inicial del centro de gravedad del peso

$\boxtimes g_2$ posición longitudinal final del centro de gravedad del peso

dl   distancia longitudinal entre la posición final e inicial del peso

13.3.2 Cálculo de la escora y de la estabilidad

Se hará de la misma forma que para la carga de un peso

13.3.3 Calados

a) Cálculo de los calados por la fórmula del asiento

Se hará de la misma forma que para la carga de un peso.

b) Cálculo de los calados por la fórmula de la alteración

$$a \cdot Mu = p \cdot dl$$

a   alteración, en cm

Mu   momento unitario para variar el asiento (o la alteración) un centímetro, en Tm x m / cm

p   peso, en Tm

dl   distancia longitudinal entre la posición final e inicial del peso, en m. Si el traslado es hacia popa el brazo será positivo, y si es hacia proa, negativo

$$a_{pp} = \frac{a}{E} \cdot dpp \qquad\qquad dpp = \frac{E}{2} - \otimes F$$

$$a_{pr} = \frac{a}{E} \cdot dpr \qquad\qquad dpr = \frac{E}{2} - \otimes F$$

$$Cpp_f = Cpp_i + a_{pp}$$

$$Cpr_f = Cpr_i + a_{pr}$$

13.4 Pesos suspendidos

13.4.1 Peso a bordo

El tratamiento de un peso que está a bordo y se suspende con un puntal o una grúa del buque es el de un peso que se ha trasladado desde su posición al extremo del puntal. Dado que el puntal debe estar en la vertical del peso, únicamente sufrirá modificación el KG_I del buque, subirá, con la consiguiente repercusión en la altura metacéntrica, la escora y la estabilidad.

$$GG_v = \frac{p \cdot dv}{D}$$

$$KG_F = KG_I + GG_v$$

$$GM_F = KM - KG_F$$

$$tg \ \theta = \frac{\text{¢}G}{GM_F}$$

$$GZ = KN - KG_F \cdot sen \ \theta - \text{¢}G \cdot \cos \theta$$

corregidos de superficies libres, en su caso.

dv será la distancia vertical entre el extremo del puntal y el centro de gravedad del peso, antes de izarlo.

13.4.2 Peso en el muelle

Si el peso está en el muelle, en una gabarra, etc., y se carga con los medios del buque, mientras el peso esté suspendido, equivale a una carga en el extremo del puntal; por tanto, afecta como tal al centro de gravedad del buque, escora, estabilidad y calados. Los cálculos se realizarán de acuerdo con lo visto para la carga de un peso.

Normalmente lo que interesa en este tipo de cálculos son los efectos sobre la escora y estabilidad.

Posteriormente el peso se estibará a bordo, debiéndose calcular de nuevo el G del buque, la escora, la estabilidad y los calados. Aunque esto podría realizarse como un traslado del extremo del puntal, en la posición considerada, a la situación de estiba, es más corriente partir de la condición inicial, antes de suspender el peso, y tratarlo como una carga.

13.5 Cuadro de momentos

Cuando exista más de una operación de carga, descarga o traslado, es preferible trabajar con un cuadro de momentos, recordando que un traslado equivale a una descarga de la posición inicial y una carga en la posición final. Debido a la utilización de impresos con el cuadro de momentos es habitual utilizarlo aún en el caso de una sola operación.

13.6 Distribución de la carga entre dos bodegas para dejar el buque con unos calados determinados

Se conocerán los asientos final e inicial deseados,

$$a = A_f - A_i$$

teniendo que repartir un peso total, p, entre dos bodegas, pudiéndose fijar la posición longitudinal del centro de gravedad de la carga en cada una de las bodegas. Por la fórmula de la alteración

$$a \cdot Mu = \sum p \cdot d_F$$

$$a \cdot Mu = p_1 \cdot d_{F1} + p_2 \cdot d_{F2}$$

$$p_1 = p - p_2$$

$$a \cdot Mu = \left(p - p_2 \right) \cdot d_{F1} + p_2 \cdot d_{F2}$$

$$a \cdot Mu = p \cdot d_{F1} - p_2 \cdot d_{F1} + p_2 \cdot d_{F2}$$

$$a \cdot Mu - p \cdot d_{F1} = p_2 \left(d_{F2} - d_{F1} \right)$$

$$p_2 = \frac{a \cdot Mu - p \cdot d_{F1}}{d_{F2} - d_{F1}}$$

a   alteración, en cm
Mu   momento unitario para variar el asiento un centímetro, en Tm x m / cm
p   peso total a cargar, en Tm
p_1 peso en la bodega "1", en Tm
p_2 peso en la bodega "2", en Tm

d_{F1} distancia desde el centro de gravedad de la carga en la bodega "1" al centro de flotación, en m

d_{F2} distancia desde el centro de gravedad de la carga en la bodega "2" al centro de flotación, en m

Los brazos a popa serán positivos, y a proa negativos.

13.7 Relaciones entre la alteración y el peso cargado

Una ayuda para dejar el buque en calados es conocer a priori datos que estén relacionados con la alteración, y que permiten hacerse una idea rápida del efecto que sobre los mismos producirá una carga o descarga, y más si se desea obtener algún resultado específico.

13.7.1 Puntos indiferentes o conjugados

Son puntos situados en el plano diametral, uno a cada lado de F, de manera que al cargar en su vertical, el calado de la otra cabeza no varíe, lo que requiere igualdad entre los valores de inmersión y alteración en esta cabeza, pero de signo contrario. Supóngase que el punto indiferente está situado a proa de F, y que el calado que no debe variar es el de popa, la igualdad a establecer es

$$I = - a_{pp}$$

13.7.2 Toneladas en cabeza

Se llaman toneladas en cabeza al número de toneladas a cargar en un punto del plano diametral para que la cabeza del mismo lado, con respecto a F, aumente su calado un centímetro.

$$I + a_{pp} = 1 \ cm$$

o bien

$$I + a_{pr} = 1 \ cm$$

13.7.3 Diagrama de asientos

Para diferentes calados, se calcula la influencia de la carga de un peso determinado en puntos concretos a lo largo del plano diametral. Esta información se presenta en forma gráfica o tabulada. Se indicarán, también, los puntos indiferentes. Definido el peso y su situación longitudinal a bordo, los efectos sobre los calados se determinan de la siguiente manera

$$Cpp_f = Cpp_i + I + a_{pp}$$

$$Cpr_f = Cpr_i + I + a_{pr}$$

13.7.4 Coeficiente de emersión

Se denomina coeficiente de emersión a la disminución del calado de una cabeza, cuando la otra incrementa su calado en la unidad. El coeficiente de emersión de proa, para un calado determinado, será

$$I + a_{pp} = 1$$

$$I + a_{pr} = Ce$$

$$Ce = \frac{I + a_{pr}}{I + a_{pp}}$$

Hay que recordar que cuando la a_{pp} es positiva la a_{pr} es negativa.

13.8 Carga de grano a granel

13.8.1 Generalidades

En los cargamentos de grano a granel, el volumen ocupado al finalizar la carga varía durante la travesía debido al proceso de asentamiento a que queda sujeto. El grano es una carga homogénea, con lo cual los centros de gravedad del volumen y del peso coinciden. Sin embargo se le denomina al centro de gravedad del volumen, "V", y al centro de gravedad del peso o de la carga, "C". El primero de ellos, c. de g. "V", queda reservado para la condición de grano no asentado, mientras que el segundo, c. de g. "C", queda vinculado al cargamento una vez asentado. El asentamiento, variará con el tipo de grano, siendo del orden de un 2% del volumen total.

La superficie libre del grano puede mantener una pendiente con respecto a la horizontal, cuyo ángulo variará según sea trigo, maíz, centeno, etc., y cuyo valor máximo suele estar entre los 20° y los 25°. A este ángulo se le denomina ángulo de reposo o talud natural.

13.8.2 Compartimento lleno (*Full*)

Espacio de carga en el que el grano llegue al nivel más alto posible.

13.8.3 Compartimento parcialmente lleno (*Slack*)

Cualquier espacio de carga en que el grano no llegue al nivel más alto posible.

13.8.4 Movimiento del centro de gravedad del buque debido al corrimiento de grano

Supóngase una bodega parcialmente llena de grano enrasado, siendo su superficie libre aa', (Fig. 13.1). Durante el viaje, y debido al balance, el grano se mueve y toma la superficie bb'', que forma un ángulo α con respecto a la horizontal. Este ángulo será como máximo el ángulo de reposo, a efectos de este estudio.

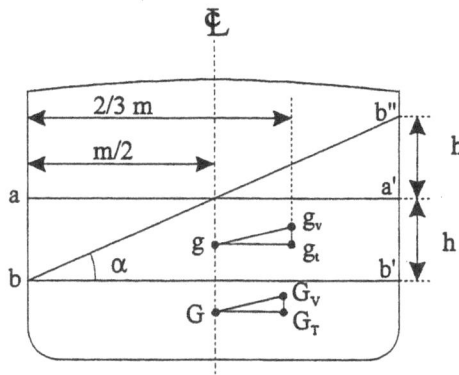

Fig. 13.1 Momento volumétrico escorante

El movimiento del centro de gravedad del grano de la bodega será,

$$gg_t = dt = \frac{2}{3}\,m - \frac{m}{2} = \frac{m}{6}$$

$$gg_v = dv = \frac{1}{3}\,2h - \frac{h}{2} = \frac{h}{6}$$

$$p = e \cdot m \cdot h \cdot \gamma$$

$$GG_T = \frac{p \cdot dt}{D}$$

$$G_T G_V = \frac{p \cdot dv}{D}$$

dt	distancia transversal del traslado de la carga
dv	distancia vertical del traslado de la carga
m	manga de la bodega
h	mitad de la altura de la cuña de grano
p	peso de la cuña de grano (bb'b'')
e	eslora de la bodega
γ	densidad del grano
GG_T	movimiento transversal del centro de gravedad del buque
$G_T G_V$	movimiento vertical del centro de gravedad del buque

El ángulo α se toma de 15° cuando la bodega está llena (*full*) y de 25° cuando está parcialmente llena (*slack*).

13.8.5 Concepto de momento volumétrico escorante

El volumen de la cuña (bb'b'') será igual al volumen de la zona (aa'bb'), en la figura 13.1, cuyo volumen, será

$$volumen = e \cdot m \cdot h$$

El momento volumétrico escorante es el producto del volumen afectado por el traslado y el brazo transversal entre las posiciones final e inicial del c. de g. de este volumen.

$$momento\ volumétrico\ escorante = e \cdot m \cdot h \cdot dt$$

si se utilizan m^3 para el volumen, y m para el brazo, el momento volumétrico se obtendrá en m^4.

13.8.6 Cálculo de los efectos de la superficie libre del grano sobre la estabilidad del buque

En el cálculo del cuadro de momentos se habrán utilizado centros de gravedad de las bodegas que serán "V", centro de gravedad del volumen del grano sin asentar, o "C", centro de gravedad de la carga asentada. Suele trabajarse con centros "V", y sólo en circunstancias concretas con centros "C". En el primer caso se calculará el momento transversal total, a partir de los momentos volumétricos de cada bodega y de sus correspondientes factores de estiba (FE), sin tener en cuenta el momento vertical, ya que se supone que quedará compensado con el asentamiento del grano. Es decir, el KG del buque utilizado en el cálculo está a mayor altura que su posición real. A partir del momento volumétrico y conociendo el factor de estiba, el momento transversal será

$$\Sigma \ momento \ transversal = \frac{\Sigma \ momento \ volumétrico}{FE}$$

Es usual recibir el valor del factor de estiba en unidades anglosajonas. Se convierten al sistema métrico decimal con la siguiente relación,

$$FE \ (m^3/Tm) = \frac{FE \ (pies \ cúbicos/Long \ Ton)}{35.84}$$

En el caso de que se hayan utilizado centros "C", habrá que tener en cuenta el incremento vertical producido por el corrimiento de grano, lo que se resuelve a través de un factor 1.06 o 1.12, según se trate de una bodega total o parcialmente llena, que multiplica al momento escorante total.

1. Bodega totalmente llena, c. de g. "C"

$$momento \ escorante \ transversal \ x \ 1.06$$

2. Bodega parcialmente llena, c. de g. "C"

$$momento \ escorante \ transversal \ x \ 1.12$$

Al brazo transversal se le denomina λ_g, y se determina de la siguiente manera

$$\lambda_g = \frac{\Sigma \ Mtos. \ escorantes \ transversales}{D}$$

incluidas las correcciones de los factores 1.06 y 1.12, si fuera el caso.

Si el barco tuviera brazo transversal, λ, por pesos desimétricos distintos a la carga de grano, se obtendrá el brazo total, λ_t,

$$\lambda_t = \lambda + \lambda_g$$

siempre sumados y con el signo de λ, debido a que ésta será la peor de las condiciones.

Para el cálculo de la escora, suponiendo estabilidad inicial

$$tg \; \theta = \frac{\lambda_t}{GM_c}$$

13.8.7 Curva de brazos adrizante y escorante

La curva de brazos adrizantes se obtendrá a partir de

$$GZ = KN - KG_c \cdot sen \; \theta$$

Esta curva se deducirá de un número de curvas transversales de estabilidad KN, suficiente para definirla con precisión, incluidas las correspondientes a 12° y 40°, (Fig. 13.2).

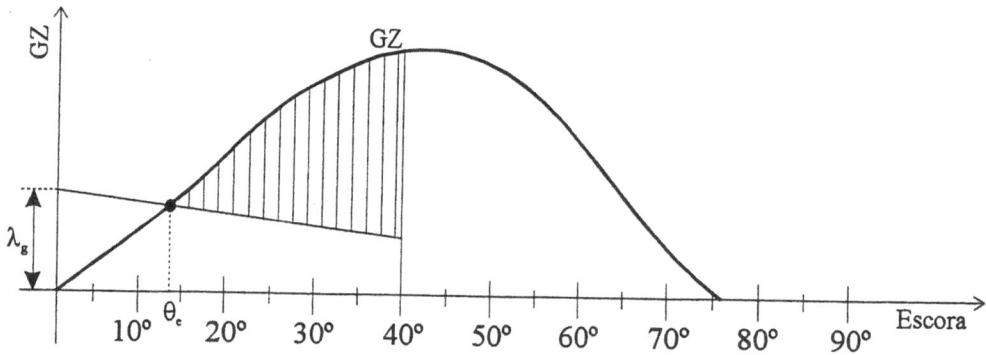

Fig. 13.2 Curva de brazos adrizante y escorante debido al grano

La curva de brazos escorantes puede hallarse de forma aproximada calculando los valores para las escoras de 0° y 40°, de la siguiente manera

$$\lambda_g = \frac{momento \; volumétrico \; escorante}{factor \; de \; estiba \; x \; desplazamiento}$$

$$\lambda_g = \lambda_{0°} = brazo \; para \; la \; escora \; de \; 0°$$

$$\lambda_{40°} = 0.8 \; x \; \lambda_{0°}$$

$$\lambda_{40°} = brazo \; para \; la \; escora \; de \; 40°$$

Situando estos dos valores, $\lambda_{0°}$ y $\lambda_{40°}$, en el gráfico y uniéndolos se obtendrá una línea recta que estará próxima a la curva escorante real.

No obstante, y dado que se posee la información necesaria, puede calcularse la curva de brazos residual con la fórmula del GZ, y para las diferentes escoras.

$$GZ = KN - KG_c \cdot sen \; \theta - \lambda_g \cdot cos \; \theta$$

En su caso, debe corregirse por superficies libres de líquidos.

13.8.8 Criterio de estabilidad del grano a granel

1. El ángulo de escora debido al corrimiento de grano será menor o igual a 12°. En los buques construidos durante o a partir del año 1994, se tomará como ángulo límite el de 12° o el ángulo para el cual se sumerja el borde de la cubierta, si este último es menor.

2. La estabilidad dinámica entre el ángulo de escora debido al grano y la menor de las siguientes escoras; 40°, GZ residual máximo o el ángulo de inundación, no será inferior a 75 mm x radián.

3. La altura metacéntrica corregida de superficies libres de líquidos será mayor o igual a 300 mm.

Observaciones a realizar son que el buque debe quedar adrizado después de la carga, y que al calcular el criterio se trabaja con la hipótesis que durante el viaje pueda haber corrimiento del grano. Si así fuera, no debe realizarse ninguna operación de adrizamiento con los tanques de lastre, combustible, etc., puesto que esta situación queda contemplada al cumplir el criterio.

Bibliografía

ALÁEZ ZAZURCA, José Antonio. *Teoría del Buque (I)*. Madrid. ETSIN. UPM.

BAXTER, B. *Naval Architecture. Examples and Theory*. London. Charles Griffin and Company Ltd., 1977.

COMSTOCK, John P. *Principles of Naval Architecture*. New York. The Society of Naval Architects and Marine Engineers, 1986.

CORKHILL, Michael. *The tonnage measurements of ships. A guide to the new convention*. London, 1980.

DERRETT, D.R. *Ship Stability for Master and Mates*. London. Stanford Maritime, 1990.

DEVAUCHELLE, Pierre. *Dynamique du Navire*. París. Masson, 1986.

DÍAZ FERNÁNDEZ, Cesáreo. *Teoría del Buque*. Barcelona, 1972.

DÍAZ FERNÁNDEZ, Cesáreo. *Problemas de Teoría del Buque*. Barcelona, 1974.

DÍAZ FERNÁNDEZ, Cesáreo. *Resumen de Problemas de Teoría del Buque*. Barcelona, 1975.

SUBSECRETARÍA DE LA MARINA MERCANTE. *Introducción y documentación para la aplicación a los buques nacionales de las recomendaciones referentes al tratamiento de los espacios Shelter-Deck y otros espacios abiertos*. Madrid, 1966.

GAMBOA, Marcial. *Nociones de Arquitectura Naval. (Teoría del Buque)*. Madrid. Editorial Naval, 1963.

GARCÍA-DONCEL, Baldomero. *Teoría del Buque*. Cádiz, 1972.

GODINO GIL. *Teoría del Buque y sus aplicaciones. (Estática del Buque)*. Barcelona. Ed. Gustavo

Gili, 1956.

HIND, J. Anthony. *Stability and Trim of Fishing Vessels*. London. Fishing News (Books) Ltd., 1982.

HERVIEU, René. *Statique du Navire*. París. Masson, 1985.

IMO. *Conferencia Internacional sobre Arqueo de Buques, 1969*. Londres, 1969.

IMO. *Convenio Internacional sobre líneas de carga, 1966*. Londres, 1966.

IMO. *Código Internacional para el transporte sin riesgos de grano a granel*. Londres, 1992.

KEMP, J.F. y YOUNG, P. *Ship Stability. Notes and Examples*. London. Stanford Maritime Limited, 1989.

LESTER, A.R. *Merchant Ship Stability*. London. Butterworths, 1985.

LEWIS, Edward V. *Principles of Naval Architecture*. Jersey City. SNAME, 1988.

MUCKLE, W. *Naval Architecture for Marine Engineers*. London. Butterworths, 1987.

MUNRO-SMITH, R. *Ships and Naval Architecture*. London. The Institute of Marine Engineers, 1981.

PÉREZ, Gonzalo. *Teoría del Buque (Máquinas). Tomo I. Flotabilidad y Estabilidad*. Madrid. ETSIN, UPM.

PURSEY, H.J. *Merchant Ship Stability*. Glasgow. Brown, Son and Ferguson Ltd., Nautical Publishers, 1983.

RAWSON, K.J. y TUPPER, E.C. *Basic Ship Theory*. London. Longman, 1983.

ROSELL, H.E. y CAHPMAN, L.B. *Principles of Naval Architecture*. New York. SNAME, 1962.

SCHETELMA DE HEERE, R.F. y BAKKER, A.R. *Buoyancy and Stability of Ships*. Culenborg, The Netherlands. W.P.A. van Lammeren, Technical Publications H. STAM, 1969.

SEMYONOV-TYAN-SHANSKY, V. *Statics and Dynamics of the Ship. Theory of buoyancy, stability and launching*. Moscow. Peace Publishers.

STOKOE, E.A. *Reed's Naval Architecture for Marine Engineers*. London. Thomas Reed Publications Limited, 1991.

TAYLOR, L.G. *The Principles and Practices of Ship Stability. Basic and Modern Procedures.* Glasgow. Brown, Son and Ferguson, 1984.

Índice alfabético

Apéndice I

Información del buque tipo E.

Información del buque Sirius.

DISPOSICION GENERAL DEL BUQUE TIPO «E»

CUBIERTA PRINCIPAL

BODEGAS

CAPACIDADES, CENTROS DE GRAVEDAD Y MOMENTOS DE BODEGAS Y TANQUES

DESCRIPCION	CAPACIDAD (m³)	PESO (Tm)	ALTURA SOBRE LA QUILLA (m)	POSICION DEL CENTRO DE GRAVEDAD					PERDIDA DE ALTURA METACENTRICA EN DESPLAZ. DE VERANO (mm.)
				MOMENTO VERTICAL (Tm.x m.)	DISTANCIA A LA ⊗ (m.)	MOMENTO LONGITUDINAL (Tm.x m.)	DISTANCIA A LA ₵ (m.)	MOMENTO TRANSVERSAL (Tm.x m.)	
CONDICION DEL BUQUE EN ROSCA	-	3.050,000	6,450	19,672,500	+ 9,500	+ 28.975,000	-	-	-
COMBUSTIBLE G.O. — TANQUE Nº 11	70,000	60,000	0,600	36,000	+ 20,700	+ 1.242,000	- 3,500	- 210,000	40,0
" " 12	70,000	60,000	0,600	36,000	+ 20,700	+ 1.242,000	+ 3,500	+ 210,000	40,0
" " 13	105,000	90,000	0,750	67,500	+ 34,400	+ 3.096,000	- 3,000	- 270,000	36,0
" " 14	105,000	90,000	0,750	67,500	+ 34,400	+ 3.096,000	+ 3,000	+ 270,000	36,0
" " 15	43,000	37,000	7,700	284,900	+ 22,200	+ 821,400	- 1,500	- 55,500	1,7
" " 16	43,000	37,000	7,700	284,900	+ 22,200	+ 821,400	+ 1,500	+ 55,500	1,7
LUBRICANTE	25,000	20,000	7,500	150,000	+ 28,100	+ 566,000	-	-	-
AGUA DULCE A.D. — TANQUE Nº 7	100,000	100,000	0,600	60,000	+ 7,800	+ 780,000	- 4,000	- 400,000	9,0
" " 8	100,000	100,000	0,600	60,000	+ 7,800	+ 780,000	+ 4,000	+ 400,000	9,0
" " 9	20,000	20,000	10,400	208,000	+ 24,000	+ 480,000	- 5,100	- 102,000	1,4
" " 10	20,000	20,000	10,400	208,000	+ 24,000	+ 480,000	+ 5,100	+ 102,000	1,4
PROVISIONES Y VIVERES	-	15,000	7,700	115,500	+ 32,400	+ 466,000	-	-	-
TRIPULACION Y EFECTOS	-	5,000	13,000	65,000	+ 38,400	+ 192,000	-	-	-
CARGA — BODEGA Nº 1	1.390,000	700,000	4,300	3.010,000	- 32,000	- 22.400,000	-	-	-
" " 2	1.560,000	770,000	3,220	2.580,000	- 18,400	- 14.162,000	-	-	-
" " 3	2.052,000	1.026,000	3,410	3.498,000	+ 12,000	+ 12.312,000	-	-	-
ENTREPUENTE Nº 1	920,000	460,000	7,400	3.404,000	- 35,000	- 16.106,000	-	-	-
" " 2	1.340,000	660,000	7,700	5.082,000	- 13,000	- 8.580,000	-	-	-
" " 3	1.050,000	530,000	7,700	4.081,000	+ 12,800	+ 6.784,000	-	-	-
DEEP TANK – CENTRAL, BABOR	350,000	175,000	3,650	638,700	- 3,300	- 577,500	-	-	50,0
" ESTRIBOR	350,000	175,000	3,650	638,700	- 3,300	- 577,500	-	-	50,0
CONDICION DEL BUQUE EN DESPLAZAMIENTO DE VERANO	-	8.200,000	5,390	44.198,000	- 0,030	- 246,000	-	-	-
AGUA DE LASTRE A.L. — PIQUE DE PROA	100,000	102,600	4,100	420,660	- 50,000	- 5.130,000	-	-	2,5
DEEP TANK PROA	360,000	369,300	3,970	1.466,000	- 44,700	- 16.507,700	-	-	30,0
PIQUE DE POPA	40,000	41,040	5,230	214,610	+ 51,500	+ 2.113,560	-	-	10,0
TANQUE Nº 1	90,000	92,340	0,650	60,000	- 32,100	- 2.964,110	+ 3,200	+ 295,480	45,0
" " 2	90,000	92,340	0,650	60,000	- 32,100	- 2.964,110	- 3,200	- 295,480	45,0
" " 3	130,000	133,380	0,600	80,000	- 16,400	- 2.187,430	- 3,900	- 520,180	110,0
" " 4	130,000	133,380	0,600	80,000	- 16,400	- 2.187,430	+ 3,900	+ 520,180	110,0
" " 5	60,000	61,560	0,600	37,000	- 3,300	- 203,150	- 3,900	- 240,000	50,0
" " 6	60,000	61,560	0,600	37,000	- 3,300	- 203,150	+ 3,900	+ 240,000	50,0

BUQUE TIPO "E"

Características

Eslora entre perpendiculares.	110,00 m
Manga de trazado.	17,30 »
Puntal cubierta superior	8,90 »
Desplazamiento de verano.	8.200,00 Tm
Peso muerto	5.150,00 »
Calado de verano.	5,80 m

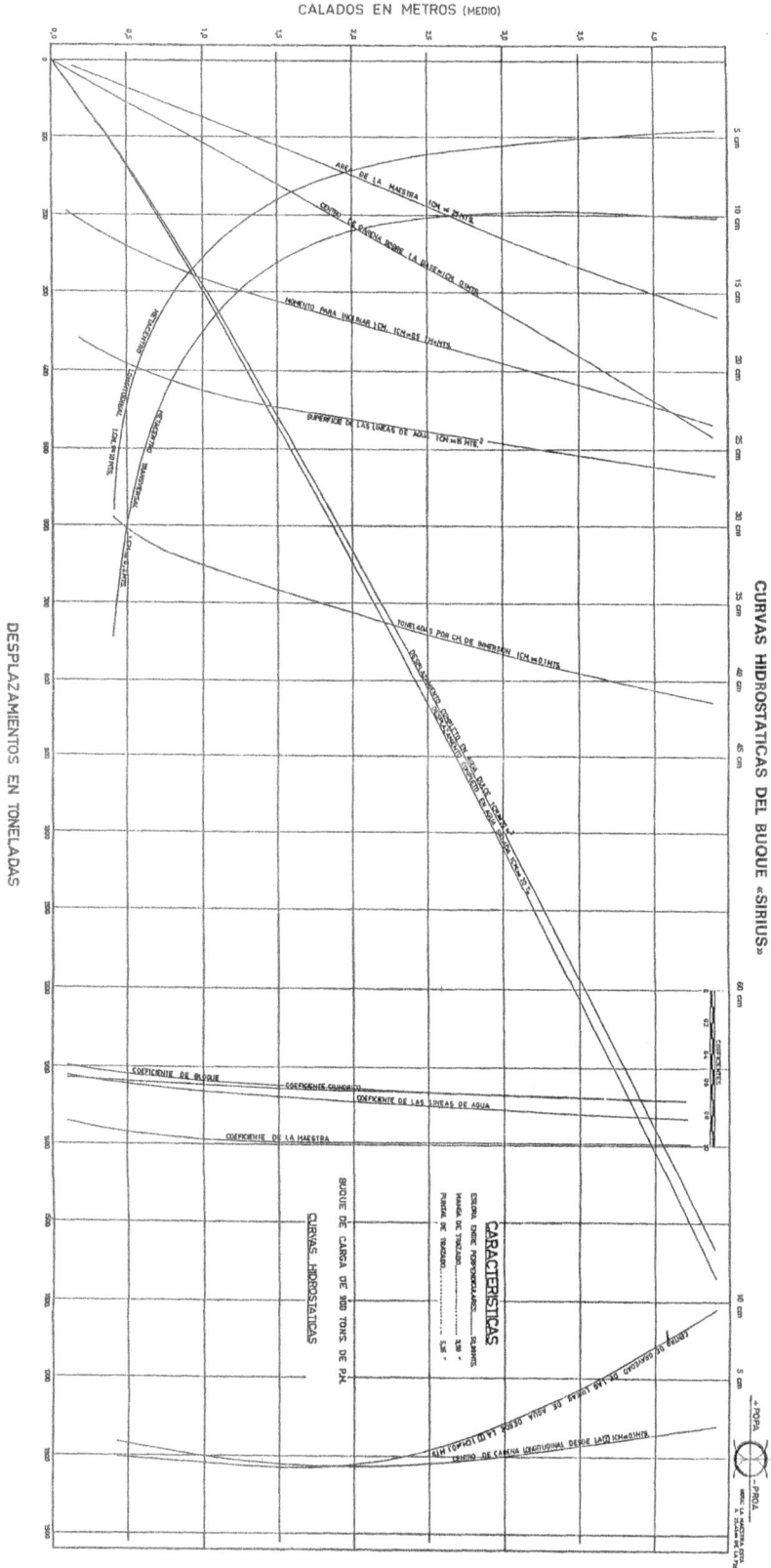

CURVAS HIDROSTATICAS DEL BUQUE «SIRIUS»

BRAZOS KN EN METROS

CURVAS DE KN DEL BUQUE «SIRIUS»,

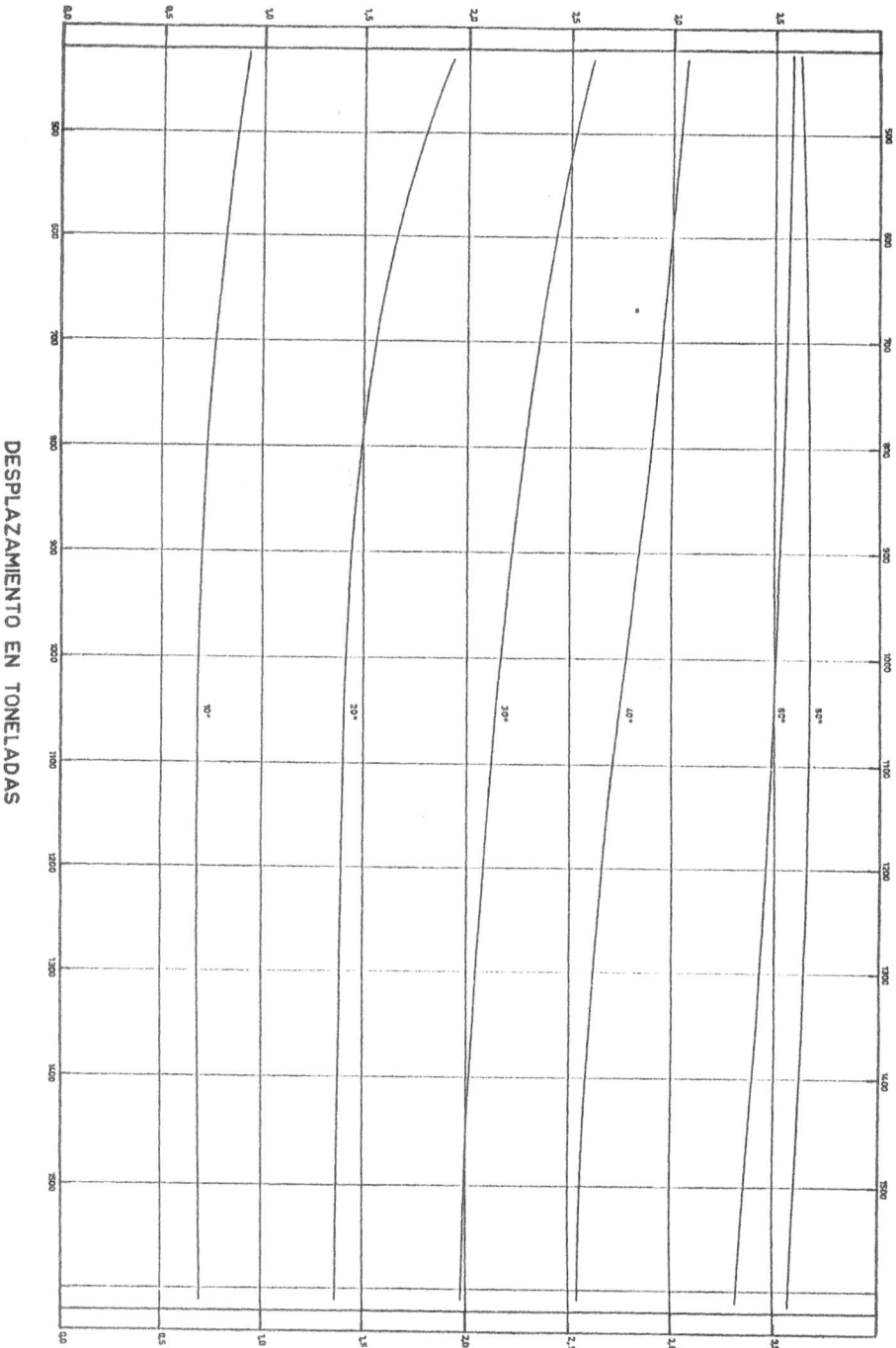

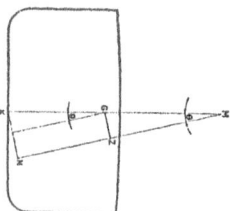

DESPLAZAMIENTO EN TONELADAS

$$\overline{KN} = \overline{GZ} + Sen\ \theta.\overline{KG}$$

CARACTERISTICAS

ESLORA ENTRE PERPENDICULARES.................. 50,50 M.
MANGA DE TRAZADO.................................. 9,50 "
PUNTAL DE TRAZADO................................. 5,25 "
CALADO EN CARGA.................................... 4,20 "

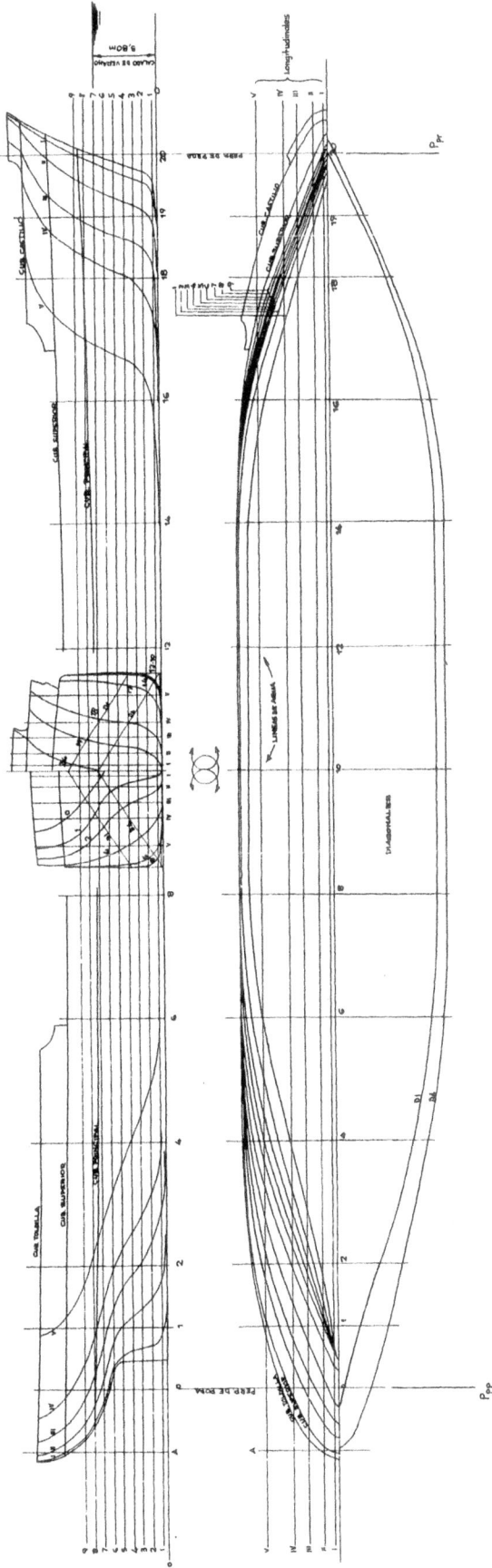

CAJA DE
CUADERNAS

BUQUE TIPO 'E'

PLANO DE FORMAS

CARACTERISTICAS

ESLORA ENTRE PERPENDICULARES	110 m.
MANGA DE TRAZADO	17,30 m
PUNTAL CUBIERTA SUPERIOR	6,15 m.
DESPLAZAMIENTO DE VERANO	8.200 Tm
PESO MUERTO	5.150 Tm
CALADO DE VERANO	5,80 m

CURVAS HIDROSTATICAS DEL BUQUE TIPO «E»

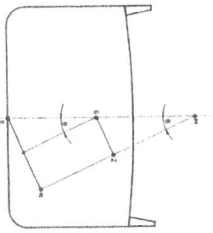

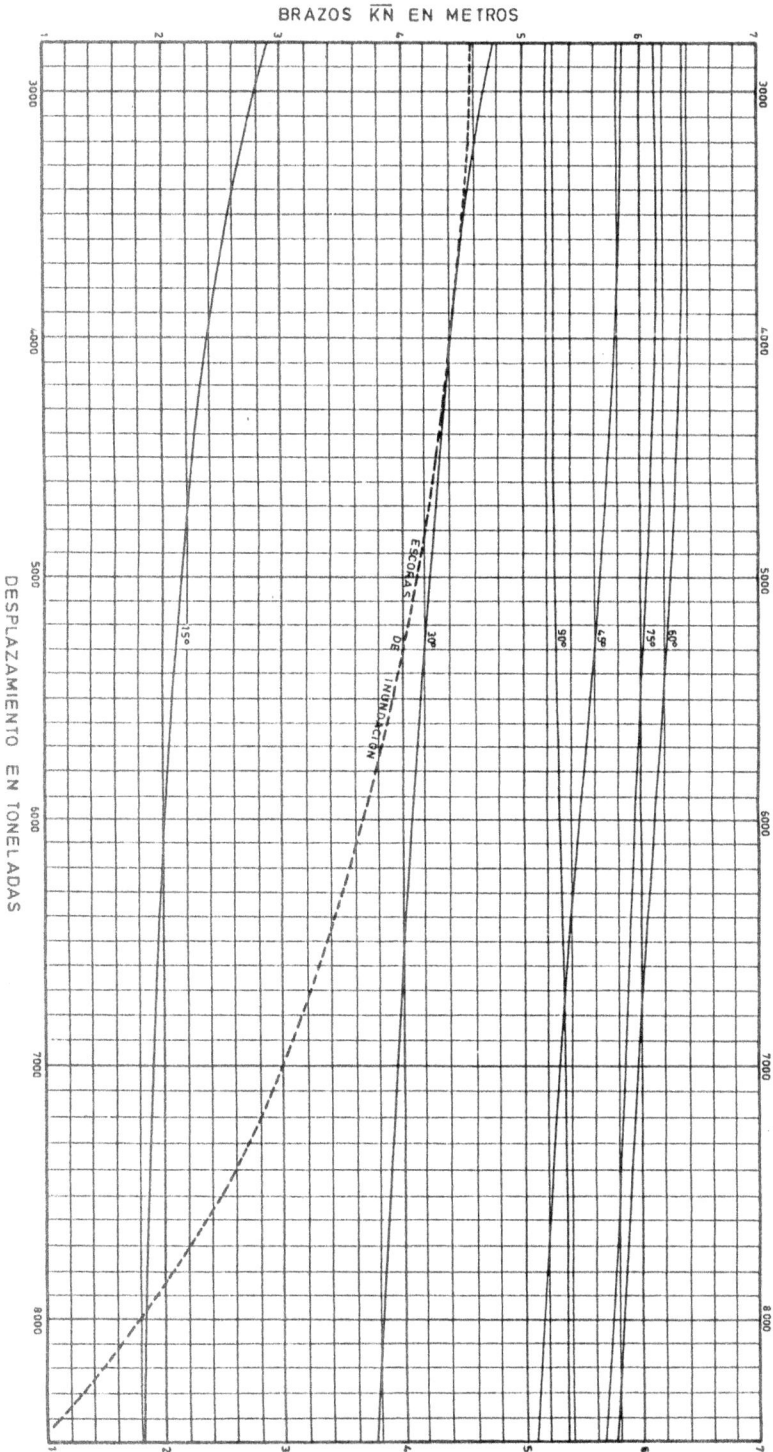

CURVAS DE KN Y ESCORAS DE INUNDACION DEL BUQUE TIPO «E»

BUQUE «SIRIUS» — DISPOSICION GENERAL DE BODEGAS Y TANQUES

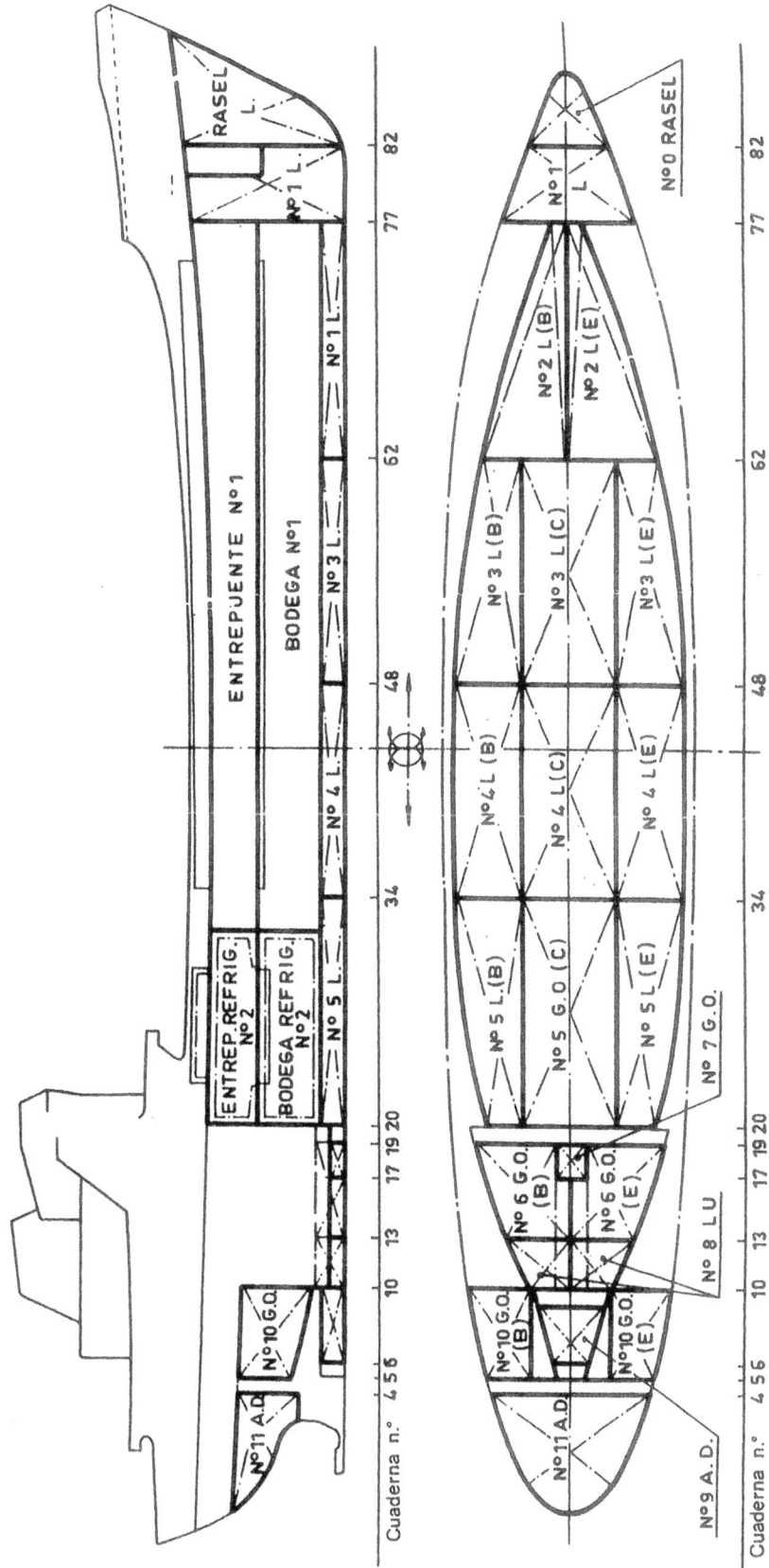

Eslora total	56,57 m
Eslora entre perpendiculares. .	50,90 »
Manga de trazado.	9,50 »
Puntal a la cubierta superior. .	5,35 »
Puntal a la cubierta baja . . .	3,40 »

Calado de verano.	4,20 m
Peso muerto	900,00 Tm
Desplazamiento de verano . .	1.487,00 »
Calado en lastre.	2,43 m
Desplazamiento en lastre. . .	807,38 Tm

RASEL
Nº 1 L.
ENTREPUENTE Nº 1
BODEGA Nº1
Nº 3 L.
Nº 4 L.
Nº 5 L.
ENTREP. REFRIG. Nº 2
BODEGA REFRIG. Nº 2
Nº 10 G.O.
Nº 11 A.D.

Cuaderna n.º   4 5 6   10   13   17 19 20   34   48   62   77   82

Nº 0 RASEL
Nº 1 L.
Nº 2 L (B)   Nº 2 L (E)
Nº 3 L (B)   Nº 3 L (C)   Nº 3 L (E)
Nº 4 L (B)   Nº 4 L (C)   Nº 4 L (E)
Nº 5 L (B)   Nº 5 G.O (C)   Nº 5 L (E)
Nº 7 G.O.
Nº 6 G.O. (B)   Nº 6 G.O. (E)
Nº 8 LU
Nº 10 G.O. (B)   Nº 10 G.O. (E)
Nº 9 A.D.
Nº 11 A.D.

Cuaderna n.º   4 5 6   10   13   17 19 20   34   48   62   77   82

CLAVE: LU = LUBRICANTE ; L = LASTRE ; A.D = AGUA DULCE ; G.O = COMBUSTIBLE

BUQUE DE CARGA «SIRIUS».— CAPACIDADES Y C. DE G. MOMENTOS DE BODEGAS Y TANQUES

DESCRIPCION	CAPACIDAD m³	PESO Tm.	ALTURA SOBRE LA QUILLA m.	MOMENTO VERTICAL Tm.x.m.	DISTANCIA A LA ⊠ m.	MOMENTO LONGITUDINAL Tm.x.m.	DISTANCIA A LA ℄ m.	MOMENTO TRANSVERSAL Tm.x.m.	PERDIDA DE ALTURA METACENTRICA EN DESPLAZ. DE VERANO mm.
CONDICION DEL BUQUE EN ROSCA	-	528,610	4,250	2.246,650	+ 3,692	+1.951,642	-	-	-
COMBUSTIBLE G.O. — TANQUE Nº 5 CENTRAL - CUADERNAS 20 - 34	20,400	17,032	0,400	6,930	+ 9,500	+ 164,540	-	-	16,000
" 6 BABOR 13 - 19	8,800	7,480	0,590	4,413	+ 15,800	+ 118,840	- 1,400	- 10,470	3,200
" 6 ESTRIBOR 13 - 19	8,800	7,480	0,590	4,413	+ 15,800	+ 118,840	+ 1,400	+ 10,470	3,200
" 7 CENTRAL 17 - 19	0,800	0,680	0,280	0,190	- 14,900	+ 10,132	-	-	0,100
" 10 BABOR 5 - 10	3,630	3,080	1,720	5,298	+ 20,380	+ 62,770	- 2,350	- 7,238	2,300
" 10 ESTRIBOR 5 - 10	3,630	3,080	1,720	5,298	+ 20,380	+ 62,770	+ 2,350	+ 7,238	2,300
DE USO DIARIO	-	3,070	8,950	27,476	+ 20,200	+ 62,014	-	-	2,300
LUBRICANTE L.U. — TANQUE Nº 8 BABOR CUADERNAS 10 - 13	2,500	2,250	0,570	1,285	+ 18,250	+ 41,062	- 0,900	- 2,025	0,300
" 8 ESTRIBOR 10 - 13	2,500	2,250	0,570	1,285	+ 18,250	+ 41,062	+ 0,900	+ 2,025	0,300
AGUA DULCE A.D. — TANQUE Nº 9 CENTRAL CUADERNAS 6 - 9	2,120	2,120	0,460	0,975	+ 21,000	+ 44,520	-	-	0,700
" 11 " POPA - 4	10,200	10,200	3,480	35,496	+ 23,320	+ 237,864	-	-	22,000
TRIPULACION Y EFECTOS	-	2,000	6,050	12,100	+ 18,900	+ 37,800	-	-	-
VIVERES	-	2,000	5,000	10,000	+ 21,600	+ 43,200	-	-	-
TANQUE DE COMPENSACION	0,500	0,500	8,960	4,475	+ 18,600	+ 9,300	-	-	0,100
CONDICION DEL BUQUE EQUIPADO SIN CARGA NI LASTRE	-	592,125	3,996	2.366,284	+ 5,075	+3.005,044	-	-	-
CARGA — BODEGA Nº 1	632,000	399,610	1,960	782,320	- 3,153	- 1.260,000	-	-	-
ENTREPUENTE Nº 1	583,000	358,580	4,260	1.527,550	- 5,465	- 1.959,640	-	-	-
BODEGA Nº 2	108,600	81,550	1,700	138,630	+ 7,734	+ 630,550	-	-	-
ENTREPUENTE Nº 2	97,74	54,000	4,490	242,460	+ 10,150	+ 548,260	-	-	-
CONDICION DEL BUQUE EN DESPLAZAMIENTO DE VERANO	-	1.685,845	3,404	5.057,240	+ 0,649	+ 964,050	-	-	-
AGUA DE LASTRE A.L. — TANQUE Nº 0 CENTRAL CUADERNAS 82 - PROA	32,000	32,820	4,800	157,536	- 23,650	- 776,193	-	-	2,000
" 1 " 77 - 82	49,300	50,550	3,450	174,397	- 20,730	- 1.047,901	-	-	10,000
" 2 BABOR 62 - 77	17,150	17,610	0,410	7,220	- 14,350	- 252,703	- 0,950	- 16,730	9,000
" 2 ESTRIBOR 62 - 77	17,150	17,610	0,410	7,220	- 14,350	- 252,703	+ 0,950	+ 16,730	9,000
" 3 BABOR 48 - 62	17,900	18,310	0,420	7,690	- 5,930	- 108,578	- 2,600	- 47,606	7,000
" 3 ESTRIBOR 48 62	17,900	18,310	0,420	7,690	- 5,930	- 108,578	+ 2,600	+ 47,606	7,000
" 3 CENTRAL 48 - 62	21,000	21,530	0,400	8,612	- 6,650	- 143,147	-	-	16,000
" 4 BABOR 34 - 48	18,750	19,260	0,410	7,897	+ 0,940	+ 18,104	- 2,600	- 50,076	12,000
" 4 ESTRIBOR 34 - 48	18,750	19,260	0,410	7,897	+ 0,940	+ 18,104	+ 2,600	+ 50,076	12,000
" 4 CENTRAL 34 - 48	21,000	21,530	0,400	8,612	+ 1,420	+ 30,576	-	-	16,000
" 5 BABOR 20 - 34	12,700	13,040	0,420	5,476	+ 9,130	+ 119,055	- 2,600	- 33,904	13,000
" 5 ESTRIBOR 20 - 34	12,700	13,040	0,420	5,476	+ 9,130	+ 119,055	+ 2,600	+ 33,904	13,000

BUQUE DE CARGA «SIRIUS» - DETERMINACION DE LOS TANQUES QUE ENTRAN PARA LA CORRECCION DE BRAZOS POR SUPERFICIES LIBRES

N.º	Tanque Situación	Volumen V en m³	Manga máxima b en m	Densidad del líquido y	Coeficiente de bloque δ	Coeficiente k a 30°	M_{sl} en Tm/m	$\dfrac{D_{mínimo}}{100}$
0	Rasel Cuad. 82-Proa	32,00	2,80	1,026	0,382	0,0156	0,882	5,28
1	Central Cuad. 77-82	49,30	5,00	1,026	0,532	0,0412	7,580	
2	(Br. = Er.) Cuad. 62-77	17,15	3,40	1,026	0,724	0,1100	5,620	
3	(Br. = Er.) Cuad. 48-62	17,90	3,00	1,026	0,955	0,1100	5,940	
3	Central Cuad. 48-62	21,00	3,25	1,026	0,985	0,1100	7,620	
4	(Br. = Er.) Cuad. 34-48	18,75	3,00	1,026	0,955	0,1100	6,140	
4	Central Cuad. 34-48	21,00	3,25	1,026	0,985	0,1100	7,620	
5	(Br. = Er.) Cuad. 20-34	12,70	2,80	1,026	0,690	0,1100	3,020	
5	Central Cuad. 20-34	20,40	3,25	0,850	0,930	0,1100	6,000	
6	(Br. = Er.) Cuad. 13-19	8,80	3,50	0,850	0,685	0,1100	2,380	
7	Cuad. 17-19	0,80	1,20	0,850	1,000	0,0938	0,076	
8	(Br. = Er.) Cuad. 10-13	2,50	2,40	0,900	0,552	0,0956	0,380	
9	Central Cuad. 6-9	2,12	2,60	1,000	0,680	0,1100	0,050	
10	(Br. = Er.) Cuad. 5-10	3,63	2,40	0,850	0,186	0,0436	0,140	
11	Popa-4	10,20	6,10	1,000	0,140	0,1080	2,300	↓

BUQUE DE CARGA «SIRIUS» - MOMENTOS DE INERCIA Y DE SUPERFICIES LIBRES DE LOS TANQUES

Contenido	TANQUE N.º	Situación	Inercia del tanque en m⁴ I	Densidad del líquido y	Momento I·y
Combustible (G. O.)	5 Central	Cuadernas 20-34	24,60	0.85	20,91
	6 Br.	13-19	4,86		4,13
	6 Er.	13-19	4,86		4,13
	7 Central	17-19	0,17		0,14
	10 Br.	5-10	3,46		2,94
	10 Er.	5-10	3,46	↓	2,94
Lubricante (LU.)	8 Br.	10-13	0,43	0,90	0,39
	8 Er.	10-13	0,43	↓	0,39
Agua dulce (A. D.)	9 Central	6-9	1,11	1,00	1,11
	11 »	Popa-4	32,76	↓	32,76
Agua de lastre (L.)	1 Central	77-82	15,24	1,026	15,63
	2 Br.	62-77	13,76		14,11
	2 Er.	62-77	13,76		14,11
	3 Br.	48-62	10,23		10,49
	3 Central	48-62	24,60		25,23
	3 Er.	48-62	10,23		10,49
	4 Br.	34-48	18,42		18,90
	4 Central	34-48	24,60		25,23
	4 Er.	34-48	18,42		18,90
	5 Br.	20-34	20,22		20,74
	5 Er.	20-34	20,22		20,74
	0 Central	82-Proa	2,60	↓	2,60
				$\Sigma I \cdot y =$	267,01

BUQUE DE CARGA «SIRIUS».— CUADRO DE MOMENTOS DE SUPERFICIES LIBRES DE LOS TANQUES NO EXCEPTUADOS

TANQUE Nº1 Ctro. — v.b.y.√S.1000 = 184620 mm.t

θ	Coef. K	MOMENTO
1C	0,0100	1846.200
20	0,0212	3913.944
30	0,0412	7606.344
40	0,0524	9674,088
50	0,0824	15212,688
60	0,1200	22154.400
70	0,1476	27249.912
80	0,1564	28874.568
90	0,1652	30499.224

TANQUE Nº2 Br. — v.b.y.√S.1000 = 50900 mm.t

θ	Coef. K	MOMENTO
10	0,0588	2992.920
20	0,1026	5222.340
30	0,1100	5599.000
40	0,1100	5599.000
50	0,1000	5090.000
60	0,0837	4260.330
70	0,0737	3771.330
80	0,0537	2733.330
90	0,0337	1715.330

TANQUE Nº2 Er. — v.b.y.√S.1000 = 50900 mm.t

θ	Coef. K	MOMENTO
10	0,0558	2992.920
20	0,1026	5222.340
30	0,1100	5599.000
40	0,1100	5599.000
50	0,1000	5090.000
60	0,0837	4260.330
70	0,0737	3771.330
80	0,0537	2733.330
90	0,0337	1715.330

TANQUE Nº3 Br. — v.b.y.√S.1000 = 53773 mm.t

θ	Coef. K	MOMENTO
10	0,0512	2753.177
20	0,0975	5242.867
30	0,1100	5915.030
40	0,1100	5915.030
50	0,1000	5377.300
60	0,0863	4640.609
70	0,0763	4102.879
80	0,0563	3027.419
90	0,0363	1951.951

TANQUE Nº3 Er. — v.b.y.√S.1000 = 53773 mm.t

θ	Coef. K	MOMENTO
10	0,0512	2753.177
20	0,0975	5242.867
30	0,1100	5915.030
40	0,1100	5915.000
50	0,1000	5377.300
60	0,0863	4640.609
70	0,0763	4102.879
80	0,0563	3027.419
90	0,0363	1951.951

TANQUE Nº3 Ctro. — v.b.y.√S.1000 = 69459 mm.t

θ	Coef. K	MOMENTO
10	0,0559	1846.200
20	0,1006	6987.575
30	0,1100	7640.490
40	0,1100	7640.490
50	0,1000	6945.900
60	0,0847	5883.177
70	0,0747	5188.587
80	0,0600	4147.540
90	0,0347	2410.227

TANQUE Nº4 Br. — v.b.y.√S.1000 = 56327 mm.t

θ	Coef. K	MOMENTO
10	0,0512	2883.942
20	0,0975	5491.882
30	0,1100	6195.970
40	0,1100	6195.970
50	0,1000	5632.700
60	0,0863	4861.020
70	0,0763	4297.750
80	0,0563	3171.210
90	0,0363	2044670

TANQUE Nº4 Er. — v.b.y.√S.1000 = 56327 mm.t

θ	Coef. K	MOMENTO
10	0,0512	2883.942
20	0,0975	5491.882
30	0,1100	6195.970
40	0,1100	6195.970
50	0,1000	5632.700
6C	0,0863	4861.020
70	0,0763	4297.750
80	0,0563	3171.210
90	0,0363	2044.670

TANQUE Nº4 Ctro. — v.b.y.√S.1000 = 69459 mm.t

θ	Coef. K	MOMENTO
10	0,0559	3882.758
20	0,1006	6987.575
30	0,1100	7640.490
40	0,1100	7640.490
50	0,1000	6945.900
60	0,0847	5883.177
70	0,0747	5188.587
80	0,0600	4167.540
90	0,0347	2410.227

TANQUE Nº5 Ctro. — v.b.y.√S.1000 = 54377 mm.t

θ	Coef. K	MOMENTO
10	0,0475	2528.907
20	0,0950	5165.815
30	0,1100	5981.470
40	0,1100	5981.470
50	0,1000	5437.700
60	0,0875	4757.987
70	0,0775	4214.217
80	0,0575	3126.677
90	0,0375	2039.137

EJEMPLO: Corrección de GZ en mm. para el tanque número 1 Central, en la condición de Buque en Lastre (Desplazamiento = 745,087 t.)
θ=10°, Corrección=1846,200:745,087 = 2 mm.; θ=20°, Corrección=3913,944:745,087=5 mm.; θ=30°, Corrección=7606,344:745,087=10 mm.
θ=40°, Corrección=9674,088:745,087=13 mm.; y así sucesivamente hasta 90°.

NOTA. No se incluyen los momentos de superficies libres de los tanques números 6 al 11, por estar exceptuados de la corrección, al ser $M_{.1} < D_{.1}/100$.

BUQUE «SIRIUS» - ESCORAS DE INUNDACION

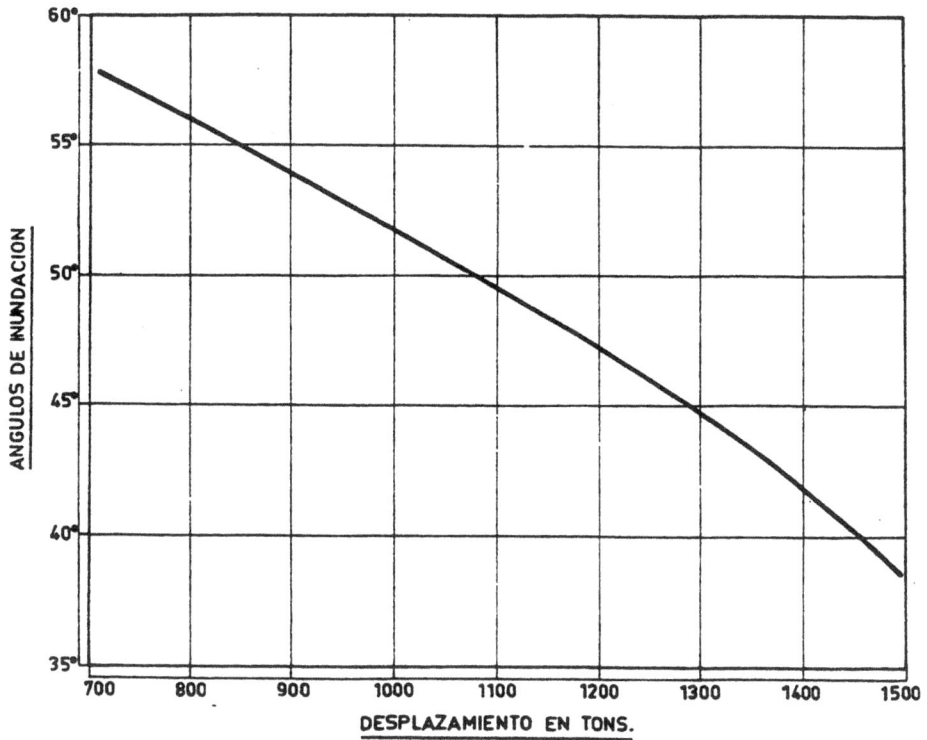

BUQUE «SIRIUS» - CAPACIDADES, INERCIAS Y COORDENADAS DEL CENTRO DE GRAVEDAD DE TANQUES SEGUN SONDA

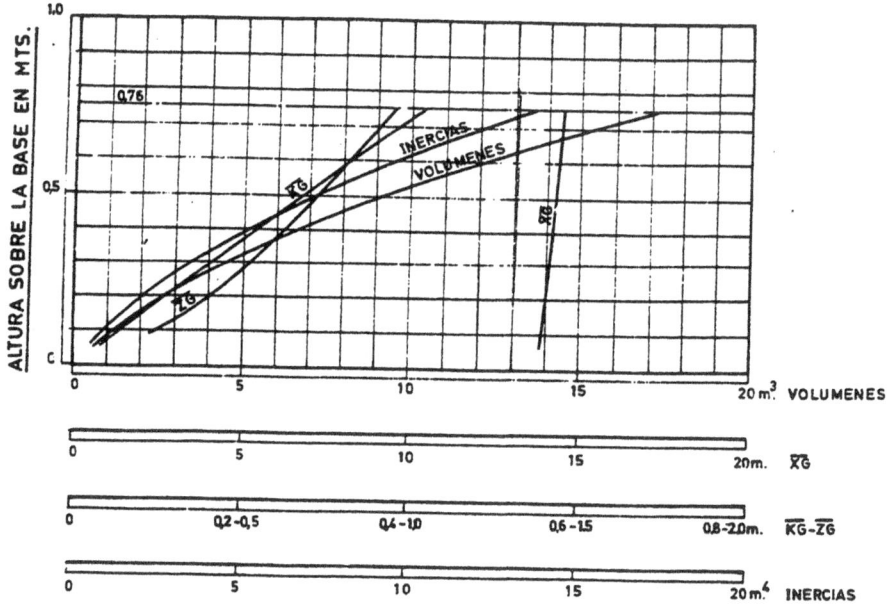

Tanque número 2 de lastre Br. (Cuad. 62-77) (Er. similar).

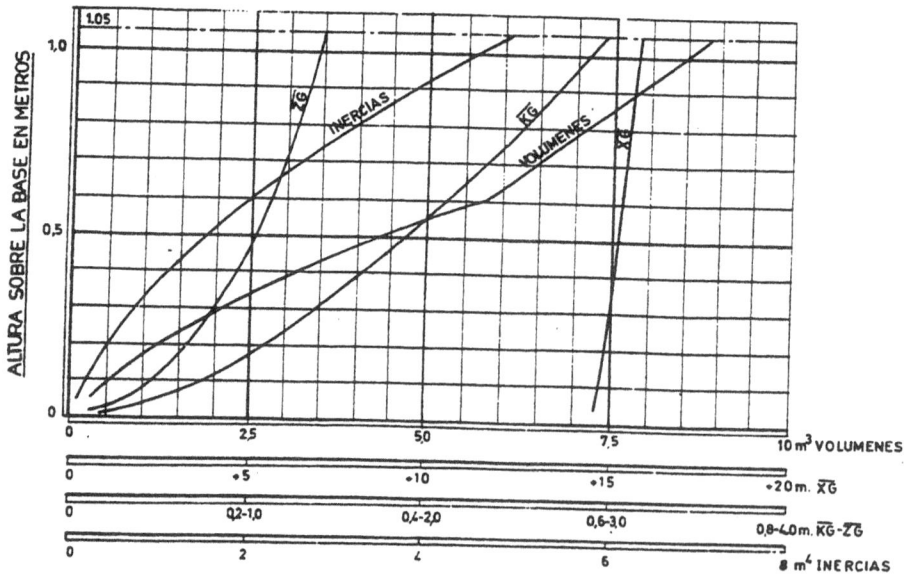

Tanque número 6 de combustible Br. (Cuad. 13-19) (Er. similar).

BUQUE «SIRIUS» - CAPACIDADES, INERCIAS Y COORDENADAS DEL CENTRO DE GRAVEDAD DE TANQUES SEGUN SONDAS

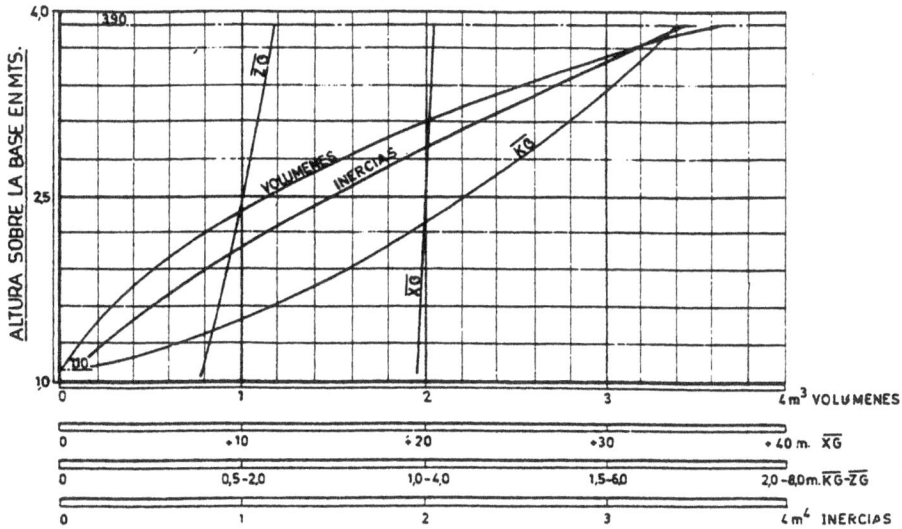

Tanque número 10 de combustible Br. (Cuad. 5-10) (Er. similar).

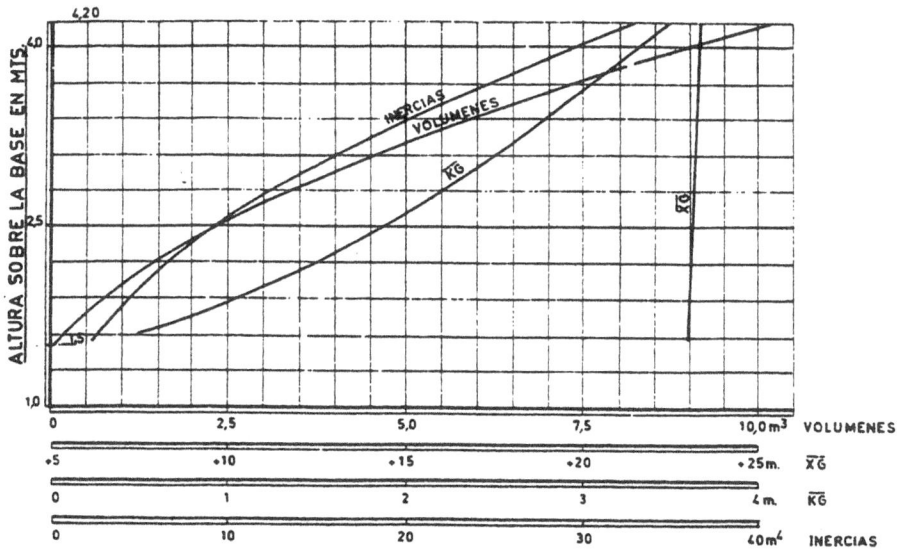

Tanque número 11 de agua dulce (Cuad. popa-4).

www.ingramcontent.com/pod-product-compliance
Lightning Source LLC
Chambersburg PA
CBHW080518220326
41599CB00032B/6121